中餐烹调工艺

杨永忠　黄文荣　主编

U0349331

中国农业科学技术出版社

图书在版编目（CIP）数据

中餐烹调工艺/杨永忠，黄文荣主编．—北京：中国农业科学技术出版社，2020.5

ISBN 978-7-5116-4702-3

Ⅰ．①中…　Ⅱ．①杨…　②黄…　Ⅲ．①中式菜肴　Ⅳ．①TS972.117

中国版本图书馆 CIP 数据核字（2020）第 064820 号

责任编辑	李冠桥
责任校对	贾海霞

出 版 者	中国农业科学技术出版社
	北京市中关村南大街 12 号　　邮编：100081
电　　话	（010）82109705（编辑室）（010）82109704（发行部）
	（010）82109703（读者服务部）
传　　真	（010）82106625
网　　址	http：//www.castp.cn
经 销 者	各地新华书店
印 刷 者	北京建宏印刷有限公司
开　　本	710mm×1000mm　1/16
印　　张	7.5
字　　数	156 千字
版　　次	2020 年 5 月第 1 版　2020 年 5 月第 1 次印刷
定　　价	30.00 元

《中餐烹调工艺》
编 委 会

内 容 简 介

　　本书的内容由7个学习单元组成。每个学习单元以食材引入，由3~5个课题组成主要教学内容。每个课题介绍一种烹调技法。课题中设置了友情提示、诀窍与难点、做一做、社会实践等环节，插入了厨艺常识、小窍门、百味精粹等栏目。

　　本书可供职业教育五年制、三年制烹饪专业学生使用，也可供餐饮业一线厨师参考使用，还可作为社会烹调爱好者的自学用书。

前　　言

　　教材是教学的核心，一本好的教材不但可以方便教学，更能够发挥启发、引导学生的作用。近年来，职业教育越来越受到重视，人们普遍认识到要学好知识更要学好一门技能。为此，在知识信息更新如此迅速的时代，教材的改革已是迫在眉睫。我们通过对现代职业教学和学生心理的研究，本着以人为本的理念研发教材，增强了本教材内容的新颖性、灵活性和趣味性，从而使学生的上课效率和学习积极性普遍得到了提高，教学成果显著。本教材的特点如下。

　　一是创新。本教材的最大特点就在于创新。它克服了以往教材注重理论知识和内容过于繁复的缺点。本教材以食材的种类为主线，以烹调技法为切入点，以职业领域工作过程为导向，从实践中习得制作中餐热菜的相关知识和能力。技能本身就是一种实践。本教材强调了动手能力的提高，让知识真正得到运用，这又是一大创新。

　　二是以学生为本。十几岁的中职学生往往对实际烹饪原料知识和菜肴制作方法掌握较少，所以我们精选了最重要最典型的案例应用于教学。这些案例从学生熟悉的环境和事物出发，使学生感觉到知识就在身边，易学易懂，学习积极性得到有效提高。

　　本教材的内容分为7个学习单元，以食材知识为主线，以技法工艺为切入点，用原料加工技术将其串联起来，使整套教材编排整齐。技法工艺在行业中是制作菜肴的灵魂，也是菜肴制作的重要手段，必不可少，把它作为每一课题的切入点符合行业特征。我们将原料加工技术贯穿整个职业活动，作为串联线，组成横向骨架，融入相关知识，形成一张横向的网络，并逐渐提升学习要求，组成纵向螺旋形上升的课程结构。

　　同时，本教材立足课题和案例，设置了友情提示、诀窍与难点、做一做、社会实践等环节，插入了厨艺常识、小窍门、百味精粹等栏目，使学生多种能力得到培养，突破了一般烹饪教材局限于专业知识和技能的传统模式。

　　本教材由杨永忠、黄文荣担任主编，甘霖、陈伟、秦钦鹏担任副主编，参与编写的还有曾基、谭伟先、吕宇锋、程立宏、陈一杰、孙丽萍、李兆美、潘瑜、钟雪莲、梁庆华、吴豪。教材在编写过程中得到了中国烹饪大师曾基和相关职业院校的烹饪专业老师的支持，并查阅了大量专家学者的相关文献，在此表示诚挚感谢！

1

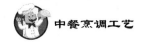

当然，本书还只是探索研究的初步成果，其中还存在很多不足，加之中餐热菜制作工艺内容丰富、涉及面广，编者水平有限，在内容把握和活动涉及等方面定有不足之处。为此，真诚地期待来自教学一线的老师和专家的批评指正。

编　者

2019 年 11 月

目　　录

第一学习单元

——蔬菜烹调技法

食材——蔬菜

学习目标

1. 了解蔬菜的品种、特点、用途。
2. 掌握蔬菜在实验烹饪中的作用。
3. 基本掌握蔬菜的品质鉴定与保管。

蔬菜是以植物的根、茎、叶、花及果实等可食部分供食用的一类烹饪原料，包括人工栽培和野生的。

我国种植蔬菜有着悠久的历史，在西安半坡遗址中发现储藏有十字花科植物的种子，可知在距今六千年前就已经种植蔬菜了。我国地域辽阔，气候和土壤等自然条件很适于蔬菜生长。几千年来，我国蔬菜栽培品种越来越多，品种和产量都居世界前列。

1. 蔬菜的营养价值

在人类的日常膳食构成中，蔬菜是其重要组成部分。大多数蔬菜的糖类、蛋白质、脂肪含量均不高，故不能作为热能和蛋白质的重要来源，但其维生素、无机盐及膳食纤维的含量相对很高，品种也极丰富，对人体的生理调节、酸碱平衡和新陈代谢等起着十分重要的作用，同时也为人类预防和治疗疾病发挥着重要的作用。近年的研究认为，许多蔬菜都可抗癌，因为维生素 A、维生素 C、纤维素、酶干扰素、蘑菇多糖等均有抗癌功效，这些物质主要来源于蔬菜。许多蔬菜还具有降低血脂、胆固醇和血压的作用，对心血管系统疾病有防治意义。

2. 蔬菜在烹饪中的作用

蔬菜在烹饪中的作用主要有以下 5 点。

（1）可以作主料，单独成菜，具有清鲜爽口、调节口味的作用。

（2）可以作配料，用于荤菜制作的垫底、围边、填充与拼衬，具有调色、搭

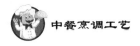

配、装饰、点缀等作用。

（3）有些品种可兼作调味料，具有去腥腺、去膻味、增香味的作用。

（4）可用于制作腌菜、泡菜、酱菜、干菜等食品，具有形成特殊风味食品的作用。

（5）蔬菜由于品种多、形态各异，适宜于多种刀工处理、食品雕刻和烹调方法，在烹饪中发挥着重要而特殊的作用。

3. 蔬菜的分类

蔬菜按食用部位可分为叶菜类、茎菜类、根菜类、果菜类、花菜类和菌类，其中果菜类又分为茄果、瓜果、荚果三类。

4. 蔬菜的品质鉴定

蔬菜的品质检验，主要是根据其新鲜程度、收获的最佳期、品种的优越性等进行鉴别。收获的最佳期与品种的优越性关系到农业耕作的园艺栽培技术，此处不作专门的阐述，仅就鉴别其新鲜度来阐述。

蔬菜的新鲜度可从其含水量、形态色泽和香味等方面来检验，其具体鉴别标准如下所示。

蔬菜品质的鉴定：

（1）含水量。正常水分，刀断面有液汁——好；干瘪失水，缺少脆性——中；浸足水分，有发胀感——差。

（2）形态。形状饱满，光滑，无伤痕——好；干缩变小，表面粗糙——中；有病虫害，伤口，刀疤痕——差。

（3）色泽。颜色鲜艳有光泽——好；色泽失常，光泽变暗——中；不成熟的另类色泽——差。

（4）香味。原料原本香味浓郁——好；原本香味较淡——中；有异味——差。

5. 蔬菜的保管

新鲜蔬菜是极易腐烂的烹饪原料，质量容易发生变化。其质量变化的原因主要有两个方面：一方面是自身的生理变化，蔬菜是具有生命的植物，在收获后，由于酶和自身呼吸的作用，生理上会不断发生变化而引起品质的变化；另一方面，蔬菜一般含有较多的水分及糖类，具有微生物繁殖的良好条件，空气中的微生物，只要温度、湿度适宜，它们就能从蔬菜的伤口处侵入，然后迅速繁殖扩展，引起蔬菜的腐烂。因此，蔬菜要勤购勤销，不要贪图便宜，大批积压，造成浪费。

在保管蔬菜时，为控制、阻止微生物的生长，一般采取控制温度，降低湿度的方法。蔬菜在温度高、湿度大的情况下，就会加快呼吸，新陈代谢过程加快，消耗大量的营养成分，从而降低品质。低温保藏时，又要防止冰冻现象。因为含水量大的蔬菜，当温度降到0℃以下，就会因冻结使蔬菜质量发生变化。蔬菜在低温下一般处于休眠状态，如土豆、洋葱、萝卜等。当温度升高到适宜数值时，就会发芽长叶，造成蔬菜中水分和营养成分的大量消耗，严重的会失去食用价值。

保管蔬菜的关键是掌握适宜的温度与湿度。蔬菜最合适低温保管（0~4℃），但不能过低和过于干燥，否则也会干枯，降低蔬菜的新鲜度。

饮食业购进的新鲜蔬菜，品种较多，来源不一致，使用周期又不太长。一般来讲，不要把散装的蔬菜放入储存库（冬季北方储存蔬菜另当别论），而对购进瓶装或罐装的使用价值高的蔬菜，一般须注意使用有效期。

散装的蔬菜应放在阴凉、通风处。堆放时注意不要与水产品、酒类、咸鱼、咸肉等味重原料放在一起。如发现有变质的蔬菜就应及时清除，做到先进先用、后进后用。如果把某些紧俏的、档次较高的蔬菜放在保鲜冰箱里，则应放在冰箱最外面的一格，以防太冷而冻坏。

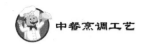

课题一　干　煸

 技法工艺——干煸

1. 技法介绍

干煸又称干炒、煸炒，是用旺火热锅快速煸炒，使原料内部或外部水分迅速蒸发，同时加入调味料的一种炒制方法。成品无汁无芡，或干香利落，或清爽脆嫩。煸炒适合于丝、条、丁、片等小型无骨无筋的动植物原料。这种烹调方法有两方面的优势：第一，可以经较长时间的煸炒使原料内部的水分大量减少，形成干香的特点；第二，可在短时间内迅速煸炒使原料内部水分得以保持，形成脆嫩的特点。

2. 工艺要求

（1）选料切配。用于煸炒的原料，应选用新鲜易熟的原料，质感脆嫩爽口或清鲜细嫩。切配规格以丝、丁、片或自然形等小型无骨无筋的原料。

（2）调味烹制。一般以咸鲜味突出本味为主，是典型的烹调中调味。煸炒时多数要求急火旺炒，速度快，时间短，对质感要求较高。

3. 工艺流程

原料选择→切配整理→滑锅处理→烹制调味→装盘→成菜。

4. 友情提示

（1）刀工处理时，必须整齐划一，均匀，便于成熟一致，保持良好的质感。

（2）煸炒前应作滑锅处理，以防粘锅而影响产品质量。

（3）口味以清淡为主，突出本味，掌握好成熟时机，防止炒制过老。

 实践案例——芹菜炒香干

1. 原料分析

芹菜是以肥嫩叶及叶柄作为食用对象的蔬菜，其属于叶菜类。叶菜类富含维生素和无机盐，大多数生长期短、适应性强，一年四季都有供应。

豆腐干是将嫩豆腐放入一定规格大小的木筐中，用板压平，挤干大部分水分，干结而成。豆腐干的大小、厚薄各地不同。因制作方法、水质等原因各产地成品质量差异较大。豆腐干可切片、切条、切丝，可单独烹食，也可和其他配料炒、煮、烧、烩、卤、拌等。

芹菜炒香干

2. 原料加工分析

粗加工：将整理好的蔬菜，用清水洗涤。用清水洗涤时应注意蔬菜品种的不同和季节、用途的不同，分别采用不同的洗涤方法。例如，一般情况下，表面整齐，无凸凹不平的蔬菜用清水漂洗即可，清水洗涤的主要目的是去除泥土和污物；洗花菜、果菜等易夹带小虫的蔬菜可采用浓度为2%的盐水浸泡几分钟；为了防止农药污染，可用浓度为0.3%的高锰酸钾溶渡浸泡10分钟，然后用清水漂洗。

细加工：将芹菜切成5厘米的段，香干切成相应的粗丝待用。

3. 烹调分析

（1）用料。芹菜300克，香干50克，精盐3克，味精2克，色拉油25克。

（2）制作过程。

① 将芹菜用直刀切成5厘米长的段，香干切均匀相应的粗丝待用。

② 将炒锅置中火上烧热，用油滑锅后下色拉油，至五成热时投入芹菜段、香干丝、盐煸炒片刻，加入味精，煸匀即成。

（3）诀窍与难点。在制作干煸类菜肴时，有一些诀窍和难点。学生和老师根据自己的体验给予补充。

4. 诀窍与难点

（1）原料大小均匀，便于成熟度一致。香干丝略细于芹菜段。

（2）蔬菜下锅时，立即放盐，这样可以保证蔬菜内部营养物质少流失，便于快速成熟。

（3）豆腐和香干这类易破原料在炒制过程中，不要过多翻动，可用转锅的方式移动原料，翻动时要从锅边下勺、下铲，防止碰碎原料。

（4）干煸菜肴时，火候要旺，但不宜过大，另外需要注意的是，不要炒糊，不要粘锅。

百味精粹

上海甜酱

原料：上海甜面酱 100 克，柱侯酱 20 克，绵白糖 50 克，家乐牌鲜露、味精、鸡粉、香油、八角、桂皮、蒜、干辣椒、姜、葱各适量。

制法：用香油煸透八角、桂皮、蒜、干辣椒、姜、葱至香后，捞出原料，留底油再加上海甜面酱、柱侯酱、绵白糖、家乐牌鲜露、味精、鸡粉烧开调匀即可。

课题二 干 烧

1. 了解不同季节原料质量鉴别。
2. 掌握干烧烹制时间，注意调味方式。
3. 掌握段、末的成型刀法。

 技法工艺——干烧

1. 技法介绍

干烧不勾芡，是在烧制过程中，用中小火将汤汁基本收干成自然芡，其滋味渗入原料内部或黏附在原料表面上的烹调方法。干烧菜肴，具有色泽红亮、质地细嫩、亮油紧汁、香鲜醇厚的特点。

2. 工艺要求

（1）选料加工干烧应选择富有软糯、细嫩质感和滋味鲜美等特色的原料，属干货原料的，还应控制好原料的胀发程度。鱼、虾、鸡、蔬菜，要做好洗涤整理，最大限度地将原料的腥膻等异味和影响菜肴质感的部分除去。

（2）切配处理适合干烧的菜肴原料，一般以条、块和自然形态为主。鱼、虾、鸡、蔬菜等原料，干烧前基本上要经过油处理，其作用是：使原料固定形状，不易烧散，可增加干烧菜肴香鲜滋味，缩短干烧的烹调时间。

（3）干烧调味常用的复合味有咸鲜、酱香等味型。干烧应先用中火烧沸汤汁，再由中小火烧制成菜，最后用中火收汁。

（4）收汁装盘，应在干烧的原料基本符合要求时，进行自然收汁，使烧制和收汁同时达到效果。装盘要突出主料，成型丰满，清爽悦目。

3. 工艺流程

选择原料→初步加工→刀工处理→熟处理成半成品→调味烧制→收汁装盘→成菜。

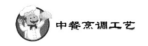

4. 友情提示

（1）干烧菜肴，油汁明亮，不呈现汤汁，可使菜肴味厚、滋润、发亮，不会干燥无光。

（2）对于含胶质重的菜肴，或不易翻面的菜肴，火力不宜过大过猛，防止粘锅或焦锅。

（3）对有些特殊的调味品，如面酱等应以中火温油炒香后，用汤汁解散，再放入原料烧制；豆瓣酱亦应以中火温油炒香至油呈红色后，添入汤汁烧沸出味，撇去豆瓣渣不要，再放入原料烧制。

 # 实践案例——干烧四季豆

1. 原料分析

四季豆又名菜豆、刀豆、芸豆。在我国栽培已久，栽培区域较广，以春秋两季栽培为主。荚果断面扁平或近圆形，一般呈绿色或黄色，嫩荚作蔬菜。四季豆主要供熟食，可以炒食，可作菜肴配料，还可腌渍、干制。四季豆所含的钠不多，若用糖醋烹食不但甜酸清脆，而且是忌盐患者的良好食品。

四季豆不宜生食，否则易引起食物中毒。预防四季豆中毒，应将四季豆烹调熟透。在烹调时，一般要将四季豆放在开水中烫后再做菜。

干烧四季豆

2. 原料加工分析

粗加工：先将刀豆用手除去顶尖，撕去两边筋，然后用手掰成所需要的长度，用清水洗涤干净备用。

细加工：将四季豆切成 5 厘米长的段，其他原料剁成末。

3. 烹调分析

（1）原料。四季豆 500 克，虾米 25 克，火腿末 15 克，榨菜 15 克，精盐 2 克，绍酒 1 克，味精 1 克，白糖 1 克，色拉油 500 克，麻油 1 克。

（2）操作过程。

① 四季豆经刀工处理后待用。

② 虾米洗净，用水稍浸回软，剁成末，榨菜剁成末待用。

③ 用五成热油锅，倒入四季豆炸至断生捞出。

④ 炒锅上火，放底油，下虾米末、榨菜末稍炒，加入四季豆，烹入绍酒，加精盐、白糖、味精及适量汤水转小火烧片刻，使四季豆熟透并入味，再转旺火收汁至将尽，撒上火腿末，浇上麻油炒匀即可。

（3）诀窍与难点。根据案例，体会制作干烧类菜肴的诀窍与难点，并补充。以下内容仅供参考。

① 主料的大小应均匀，中心厚度不超过 5 厘米，否则汤汁不宜均匀入味。

② 原料在过油前要把表面水擦干，以防入油锅时，溅油伤人。

③ 过油时，不宜油温过低，也不能过高，原料炸至表皮紧缩即可，不要炸制过久。

④ 干烧的难点是原料过油时，油温的掌握，以及原料的调味与收汁的时间控制。

4. 做一做

学生分组协作完成"干烧四季豆"的计划书，然后到原料室领取原料或到市场购买原料，到操作室完成"干烧四季豆"的制作，最后完成制作"干烧四季豆"的实验报告。

> **教你一招**
>
> **表 1-1　油温识别**
>
> | 名称 | 俗称 | 温度/℃ | 油面情况 | 油中原料反应 |
> |------|------|--------|----------|--------------|
> | 中温油 | 三至四成 | 90~120 | 无青烟、无响声，油面平静 | 原料周围出现少量气泡 |
> | 热温油 | 五至六成 | 120~180 | 微冒青烟，油从四周向中间翻动 | 原料周围出现大量气泡 |
> | 高温油 | 七至八成 | 180~240 | 有青烟，油面比较平静，搅时有响声 | 原料周围出现大量气泡，有轻微爆响 |

> **百味精粹**
>
> ### 葱香甜酸汁
>
> 原料：香葱 100 克，八角、花椒各 2 克，砂糖 50 克，香醋 50 克，干辣椒 3 只，麦芽糖、香油、生抽、精盐、味精、料酒各适量。
>
> 制法：锅内加少许油，煸炒香葱、八角、花椒、干辣椒至香；加料酒、清水及上述调料，用小火熬至浓稠即可。

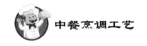

中餐烹调工艺

课题三 清 炸

学习目标

1. 掌握清炸菜肴油温的高低，炸制时间。
2. 理解清炸菜肴为什么对原料刀工处理要大小、粗细均匀。
3. 掌握原料的后熟程度。

 技法工艺——清炸

1. 技法介绍

清炸是将原料刀工处理后，不经挂糊上浆，只用调味品调味腌渍，直接入油锅用旺火热油加热，使之成熟的烹调方法。成品特点是外香脆、里鲜嫩。

2. 工艺要求

（1）原料刀工处理。适合清炸的原料，刀工成型主要是花形和整形原料。花形原料要求大小均匀、剞刀的深度一致，整体形态一致。整形原料要求用尖刀在原料上均匀地戳一遍，使腌渍时容易入味，炸时受热均匀，不易收缩。

（2）原料调味腌渍。清炸菜肴调味、腌渍，要根据原料的性质和形态，来掌握时间的长短，调味一般选用精盐、绍酒、葱、姜等调味品。

（3）炸制成菜。清炸菜多数采用复炸的方法，第一次经油炸使原料定性初熟，第二次复炸使原料达到外香脆，里鲜嫩时，捞出装盘。

3. 工艺流程

选择原料初加工→刀工处理→调味浸渍→油锅炸制→装盘成菜。

4. 友情提示

清炸原料，在调味腌渍时，所用调味品要注意色泽，对含糖分和色泽较深的，宜不用或慎用，防止原料经油炸后，油色变黑。

整形原料炸熟后，要马上改刀装盘，及时上桌，以保证菜肴质感和食用效果。

实践案例——土豆松

1. 原料分析

土豆又称马铃薯、洋芋、地蛋、山药蛋，原产南美洲，大约在明代传入我国，全国各地均有栽培。土豆以地下块茎作蔬菜，呈圆形，卵形或椭圆形，有芽眼、皮呈红、白、黄或紫色等。土豆富含淀粉、蛋白质和多种维生素，能供给人体大量热能，可作主食代替粮食，亦可烹调作副食，还是制造淀粉和酒精的工业原料。土豆含糖量很高，糖尿病患者不应随意食用。土豆可单独制菜，也可作各种荤菜的配料，还可用于糕点制作。

土豆松

发芽的土豆中龙葵素含量较高，有毒，不可食用。如需食用应将芽和芽眼周围挖去，再用水浸泡一段时间，烹制时还要煮透。

2. 原料加工分析

粗加工：用刀削去或刮去外皮，再用清水洗净，放入凉水中浸泡备用。

细加工：用推刀片或直刀切的手法将土豆加工成薄片，再用直刀法把土豆片切成长 7 厘米、宽 0.05 厘米大小的细丝。

3. 烹调分析

（1）原料。土豆 300 克、花椒盐 20 克、植物油 2000 克（耗 100 克）。

（2）制作过程。

① 将加工成型的土豆丝，用清水漂净，沥干水待用。

② 将油倒入炒锅内，待油温升至六成时，撒下土豆丝，用勺不断翻淋，待土豆丝成金黄色时倒入漏勺沥油。

③ 炸成的土豆丝加入花椒盐、轻轻翻动，装盘即成。

（3）诀窍与难点。

在制作清炸类菜肴（以清炸土豆丝为例）时，有一些诀窍和难点。学生和老师根据自己的体验给予补充。

① 清炸菜肴多数情况下，应先调味，调色，要避免调色过深。

② 原料大小应均匀一致，在炸前，需抖掉多余的淀料或抹掉多余的汁。

③ 入锅炸时，应以六成油温入锅，炸时用勺子不断翻淋浮在上面的原料，大

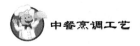

块的原料要复炸。

④菜肴炸制成型出锅后，应立即改刀装盘，及时把菜肴送到客人面前。

4. 做一做

学生分组协作完成"土豆松"的计划书，然后到原料室领取原料或到市场购买原料，到操作室完成"土豆松"菜肴的制作，最后完成制作"土豆松"的实验报告。

百味精粹

奶　汁

用料：鲜牛奶 500 克，洋葱 50 克，淡上汤 500 克，味精 10 克，鸡精 10 克，精盐 10 克，白牛油 50 克。

制法：炒锅上火，下牛油、洋葱炒香，加入鲜牛奶，淡上汤，味精、鸡精、精盐烧开，捞出洋葱，出锅即成。

用途：常用于禽类、海鲜、素菜等。

第二学习单元
——家禽烹调技法

食材——家禽

学习目标

1. 了解家禽的品种、特色、用途。
2. 初步掌握家禽的出肉加工及刀法运用。
3. 基本掌握炸烹、酥炸、醋熘技法。

家禽主要指人类饲养的鸡、鸭、鹅。按饲养方式可分人工集中饲养、野生圈养和自由放养，质量以后者为佳。主要食用宰杀后的家禽躯体，其组织结构一般由肌肉组织、脂肪组织、结缔组织和骨骼组织构成。

1. 禽肉的运用特色

禽的肌肉发达，特别是胸肌和腿肌，占禽体的50%以上，这部分肉的成型条件好，蛋白质含量高，吸水能力强，尤其是鸡胸肉可剁成茸制作各种茸类菜肴。禽肉的结缔组织少，肉纤维柔细，硬度较低，适合于多种烹调方法，在菜肴中大多单用，与配料合烹较少。禽肉构成的鲜味物质丰富，组氨酸含量高于其他肉类，水解氨基酸数量多，所以鲜味较为突出，制作的菜肴风味显著，并可制汤，作为其他菜肴调味之用。

2. 家禽的选择鉴别和品质检验

（1）家禽的选择鉴别。

家禽品种很多，成年期各不相同，在不同的生长期中，其肉质量有较大差别，而这些差别往往可以通过家禽外部形态和组织状况来反映，以此进行家禽的选择的依据。根据家禽不同生长期的品质，运用不同的烹调方法制作菜肴具有重要的作用。

鸡、鸭、鹅虽然种类不同，但它们的生长期和本身的质量、特征基本相同。下面以鸡为例，介绍不同生长期品质的特点和鉴别标准，如下所示。

① 仔鸡：胸骨软，肉嫩，脂肪少，适合炒、爆、炸；未发育完全，羽毛未丰，

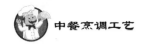

体重一般在 0.5~0.7 千克；仔鸡也称嫩鸡，指尚未到成年期的鸡。

② 当年鸡：肥度适当，肉质嫩，适合炒、爆、炸、煮等；其羽毛紧密，胸骨较软，嘴尖发软，鸡冠和耳垂为红色。

③ 隔年鸡：肉质老，体内脂肪增加，适合烧、闷、炖等；羽毛丰满，胸骨和嘴尖稍硬，鸡冠和耳垂发白；指生长期在一年以上的鸡。

④ 老鸡：肉质老，但浸出物多，适宜炖汤或炖焖；羽毛一般较稀疏，皮发红，胸骨硬，鳞片状明显；指生长期在 2 年以上的鸡。

（2）家禽的品质鉴别。

① 活鸡羽毛丰润，两眼有神，皮肉白净，脚步矫健，腿短而细，脯肉圆厚为好鸡；反之，为病鸡。

② 光鸡的鉴别。光鸡即宰杀后的鸡，皮肉净白、脯肉丰满，眼球突出有光，皮质柔嫩，肉质有弹性则为新鲜光鸡，反之则差。

3. 家禽肉的保管

如果数量不多，通常放在冰箱或冰库里在-4℃的低温中保藏，但应在禽体冷却后，去净内脏再冷藏，并将洗好禽肉放在架子上或挂起来，不可层层叠叠，存放时间以 1~3 天为宜，否则易变质，如果是采购回来的冻禽，应立即冷藏。一般冻禽在解冻后烹调易软烂，这是因为在冷藏过程中，肌肉组织受到损伤所致。因此，解冻后的家禽肉，应立即食用，否则更容易变质，也不能再入冷库保藏，不然质量下降，营养损失更严重，风味更差。

课题一　炸　烹

1. 初步掌握整鸡的出肉加工。
2. 熟练掌握丝的切割方法，注意事项。
3. 基本掌握炸的时机、程度。

 技法工艺——炸烹

1. 技术介绍

炸烹是指切配后的成型原料，投入旺火热油中，炸至金黄色，外酥脆、内鲜嫩后倒出，再炝锅投入主料，随即烹入兑好的调味汁颠翻成菜的方法。炸烹的烹调方法都要先经油炸，再烹入事先兑好的调味汁（不加淀粉），故有"逢烹必炸"之说。烹的成品特点是外香酥、里鲜嫩、爽口不腻。适合烹的主要原料有新鲜易熟、质地鲜嫩的大虾、鱼肉、仔鸡、猪牛羊肉、鹌鹑等，但在素菜中的"烹掐菜（绿豆芽）"的烹调方法实际是炒，不用过油。

2. 工艺要求

（1）原料加工。根据菜肴要求，一般加工成片、条、块、段及自然形态，为了使原料有细嫩的质感，易熟，成熟迅速，对质地较韧的鸡肉、猪牛羊肉等可锲一些有规则的刀纹或拍松其纤维以使增加嫩度和不使变形。

（2）挂糊调汁。烹类菜肴调味腌渍时间应略长一些（有些菜不挂糊，不用腌渍），以利入味，挂糊以拍干淀粉（干面粉）、湿淀粉、全蛋淀粉糊为主，在临油炸前挂糊的效果最好。用于烹菜的复合味型有糖醋味、茄汁味、五香味等，均应事先调制。

（3）炸烹装盘。不挂糊的原料用中火旺油锅炸制，挂糊原料用旺火温油锅炸制，并控制在断生刚熟，在外皮酥、内柔嫩的成熟程度上捞出，炝锅后放入辅料（有些菜没有辅料）炒匀下主料，烹入调味汁，迅速颠翻使之入味均匀，装盘后及时上桌。

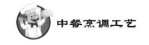

3. 工艺流程

原料选择→切配→调味腌渍、挂糊→调制味汁→油炸烹制→装盘成菜。

4. 友情提示

（1）事先兑好味汁是为了有良好的复合味感和迅速成菜，如果味汁的汁量不够，在味感不变的前提下，适当加一些鲜汤。

（2）炸制时要控制好油温。一般烹菜都应进行复炸，第一次炸基本结壳，第二次炸断生刚好。烹菜大多采用高油温。

 实践案例——烹鸡丝

1. 原料分析

鸡，鸟纲，家禽，喙短锐，有冠与肉，翼不发达，但脚健壮，雄鸡喜啼，羽毛美丽，喜斗。母鸡生长 5~8 个月开始产蛋，年产近百个至二三百个不等，蛋重 50~60 克，壳褐，浅褐或白色，产蛋逐年递减，孵化期为 20~22 天，寿命约 20 年。

鸡按其用途可分为蛋用型、肉用型和蛋肉兼用型三大类。

烹鸡丝

2. 原料加工分析

加工步骤：宰杀→放血→烫泡→煺毛→取出嗉囊（食包）→取出内脏→洗涤→切配。

粗加工：宰杀前准备一盛器，放入适量的清水，宰杀时左手虎口握住鸡翅，小手指钩住鸡右腿，用拇指和食指捏住鸡颈皮，向后收缩，使血管、气管弹出，用右手拔去颈部刀口处鸡毛，用刀割断血管、气管，右手捏住鸡头使其下垂，左手抬起鸡身，使鸡成倒立状，让鸡血流入盛器内，放尽鸡血，用筷子将盛器内的鸡血、水和少许盐调匀。

待鸡双脚不能动弹时，进行烫泡煺毛，冬天水温为 80~90℃，春秋为 60~70℃，先烫双脚，撕去鸡爪皮，然后烫鸡头，拔去鸡喙壳，再烫翅膀和身体。煺毛的次序是先煺尾部和翅膀的粗毛，再煺胸部、背部和腿部的厚毛，最后煺细毛，煺毛的手法采用顺拔和倒推，凡是粗毛，都要顺着毛根拔去毛，而厚毛，细毛，要用手掌和手指配合，逆着毛桩推去毛。

煺净毛的鸡即为光鸡，然后取出嗉囊和气管，按要求采用腹开、背开或肋开，取出内脏，再用清水将鸡内外冲洗干净，内脏整理洗净即可。

细加工：将鸡丝切成约8厘米长的中粗丝。

3. 烹调分析

（1）原料。鸡脯肉300克，葱末2克，姜末2克，酱油20克，绍酒5克，干淀粉100克，白糖15克，白醋15克，色拉油2000克（耗油80克）。

（2）制作过程。

① 鸡脯肉切成约8厘米长的中粗丝，均匀地拍上干淀粉。

② 把酱油、白糖、绍酒、白醋放入碗中，加少许水调成味汁。

③ 用六成油锅，把鸡丝入锅炸成淡黄色，捞出待油温回升至七成热时，再入锅炸至外表酥脆捞出。

④ 原锅留底油上火，投入葱、姜、蒜炒香，倒进调味汁烧开，放入鸡肉丝翻拌均匀，出锅装盘。

（3）诀窍与难点。在制作炸烹类菜肴时，有一些诀窍和难点，如下所示：

① 原料在拍粉或挂糊之前需要调味或腌制。

② 原料刚入热油锅炸制，不要立即用勺翻动，等原料定型后再用勺把原料分开。

③ 调味汁应根据原料量的多少定，不宜过多。

④ 烹制后，原料在锅中停留的时间不宜过久，入味均匀即可。

4. 做一做

学生分组协作完成"烹鸡丝"的计划书，然后到原料室领取原料或到市场购买原料，到操作室完成"烹鸡丝"菜肴的制作，最后根据操作过程，完成"烹鸡丝"的实验报告。

5. 社会实践

（1）搜集本地区鸡的品种、特点。

（2）调查各大餐馆清烹的应用情况。

（3）自己采购制作"烹带鱼"一道，要求家长点评。

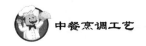

鸡的出肉加工

把光鸡放在砧板上，鸡爪朝左，鸡背朝右，鸡头朝外。右手持刀，左手握住一只鸡翅，用刀把翅膀和鸡身相连的关节、筋膜割断，从此关节处开始至鸡尾沿背脊中间割一刀，割开鸡背皮，将刀刃放在鸡翅关节处，压住鸡身，左手用力连同上面的鸡翅、鸡胸肉一同撕下，再用刀割断鸡腿骨与鸡身相连的关节，从而使半片鸡肉从鸡身上分离开来。用此方法卸下另一半肉来。在此基础上，再斩去鸡爪，拆去鸡大腿骨和翅膀骨。其方法：用刀把鸡腿的内侧划开，露出鸡腿骨，斩断腿骨的下端关节，但肉不断，用刀根抵住小骨，左手拉住未切断的皮肉，并向下用力拉，使小骨与腿肉分开，脱离，用刀修净连接踝骨关节的筋膜，剔除腿骨。用同样的方法卸下其他的腿骨和翅膀骨，翅尖由于肉少可以不去骨。拆鸡胸肉（大胸、小胸）时，刀刃紧贴胸骨，将鸡胸肉和胸骨划开，左手抓住鸡胸肉拉下。用同样的方法，拆下另一块鸡胸肉。最后斩下鸡头、鸡颈。至此，鸡的出肉加工即完成。

丝

丝是原料成型中加工较细的一种，技术要求较高，切丝是切和片刀法的综合运用，是体现刀工技术的重要方面，也是学习刀工技术的基础。切丝所适用的原料较多，无骨的脆性、韧性和软性的原料均可切成丝，加工后的丝要求粗细均匀，长短一致，不连刀，无碎末，操作应有一定的速度。根据原料的种类和烹调的不同，丝有多种规格，一般细丝直径为0.1厘米，长度为5厘米，如豆腐干丝、土豆丝、菜松、蛋皮丝、姜丝等，粗丝直径一般为0.4厘米，长约8厘米，如鱼丝等。

十三香辣汁

原料：豆瓣酱25克，辣妹子25克，王守义十三香5克，黄油、鸡油、自制辣油、精盐、味精、鸡粉、上汤各适量。

制法：用黄油、鸡油、自制辣油煸香豆瓣酱，辣妹子，然后加上汤及上述调味料烧开。

课题二　酥　炸

技法工艺——酥炸

1. 技法介绍

酥炸是指原料经蒸或煮熟至酥软，挂糊或拍粉（也有不挂糊、不拍粉的）后，入油锅炸至成菜的烹调方法。酥炸菜肴，具有外香酥、里软嫩的特点。

2. 工艺要求

（1）加工原料。酥炸原料在加工时，有的需要出骨取肉，有的将原料加工成泥蓉，有的先焯水再进行整修加工等。

（2）原料调味或制泥。一般酥炸原料在半成品加工前，需进行调味或制泥。

（3）半成品加工。酥炸的原料，必须制成半成品后再进行复炸。半成品的加工，由于成品的要求各不相同，有的需软熟，有的需细嫩，有的需酥烂，因此在半成品加工中，须采用不同的熟处理方法，或煮或蒸或烧等。

（4）挂糊拍粉。有的菜肴需进行挂糊拍粉，而具体要挂什么糊，拍什么粉，都必须根据菜肴的质量标准进行。

（5）过油酥炸。酥炸菜肴过油时，一般都在150℃热油温以上，表皮结壳，使原料上色。有的需进行复炸，达到酥的发脆，色泽金黄的特点。整形的菜肴，有需改刀的要立即斩成条块，装盘还原成型，及时上桌食用。

3. 工艺流程

原料加工→调味→蒸制→挂糊→直接炸→酥炸成型至酥松发脆→装盘成菜。

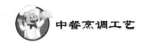
4. 友情提示

（1）肉类泥蓉经搅拌后调制比例要恰当，可先进行试蒸，要保证原料细嫩的程度。

（2）烧煮原料，要掌握好半成品软熟、酥烂的程度。原料在炸制前，把葱、姜去掉再挂糊。在热处理中，调味必须适当。

（3）不用挂糊、不拍粉的原料，在炸制中要注意时间，不可将原料炸老起渣，影响质感。

 实践案例——酥炸鸭子

1. 原料分析

鸭，鸟纲，鸭科家禽，喙长而扁平，尾短脚矮，趾间有蹼，翅小，复翼羽大。公鸭尾有卷羽四根，性胆小，喜合群，母鸭好叫，公鸭则发音嘶哑。鸭善觅食，嗜食动物性食料，生长快，耐寒，可分蛋用、肉用和肉蛋兼用三种类型，世界上著名的鸭种如下表 2-1 所示。

酥炸鸭子

表 2-1　世界上著名的鸭种

品种	产地	体态特征	肉质特点	用途（由学生填写）
北京填鸭	北京地区，又名油鸭和白鸭	羽毛成雪白色，嘴和脚成浅黄色，翅膀短，背长而宽	肌肉的纤维间夹杂白色脂肪，红白相间，细腻鲜亮	
麻鸭	产于山东、江苏、浙江一带	毛色为麻褐色，带少许黑斑色，呈麻雀毛样	是优良的肉鸭，也是优良的蛋鸭，肉质肥嫩	
娄门鸭	绵鸭，江苏苏州地区	体型大，头大喙宽，颈较细长，胸部丰满，羽毛紧密	体重 3.5～4 千克，是良好的肉用型鸭	
番鸭	南美洲和中美洲地区	体躯前尖后窄，呈长椭圆形，头大颈细，喙短	肉呈红色，细嫩鲜美，无腥味，皮下脂肪发达，为肉用型鸭	

2. 原料加工分析

加工步骤：宰杀→放血→烫泡→煺毛→取出嗉囊（食包）→取出内脏→洗涤→整鸭取肉。

成品加工：将成品斩成块状，摆成型，放入盘中。

3. 烹调分析

（1）用料。净鸭子一只（约重 1250 克），鸡蛋 3 个，面糊 75 克，香菜 10 克，葱结、葱丝、葱白段、甜面酱、花椒盐、酱油、白糖、精盐、味精、绍酒、湿淀粉、芝麻油适量，熟菜油 2000 克（约耗 150 克）。

（2）操作过程。

① 鸭用沸水烫一下，凉水洗净，背部割开。斩下头、颈，用葱结、姜丝蘸上绍酒、精盐擦遍鸭身，并一起放入锅，加酱油、白糖上笼用旺火蒸酥取出，去掉葱、姜，将鸭拆骨，取下鸭肉，斩下翅膀，劈开鸭头待用。

② 鸡蛋打散，加湿淀粉、味精、面粉、精盐、水 50 克调成蛋糊。取 1/3 铺于涂有芝麻油的平盘内，放上鸭肉，再盖上 1/3 蛋糊。

③ 锅置旺火上烧热，下菜油，至六成热时，将挂糊的鸭肉入锅炸至呈老黄色，用漏勺捞起，再将头、翅膀、头颈及拆下的鸭骨挂蛋糊下锅炸熟捞起。

④ 将鸭骨垫于盘底，鸭肉切成小片条，排叠成桥拱形，翅膀置两边、鸭头放至前端成整鸭形，香菜洗净缀于盘边，上席随带花椒盐、甜面酱、葱白段蘸食。此菜香松肥嫩，饶有风味，用薄饼裹食更显特色。

（3）诀窍与难点。结合本案例，谈谈制作酥炸类菜肴的诀窍与难点，如下所示，老师和学生可根据自己的体验给予补充。

① 原料加工时，原料去骨要干净，便于炸制时，菜肴成熟一致，方便改刀装盘。

② 复炸时，油温应高于原料初次下锅的温度。

③ 调糊时，要搅拌充分、均匀，面粉不能有疙瘩。

4. 做一做

学生分组完成酥炸鸭子的计划书，然后到原料室领取原料或者到市场购买原料，到操作室完成酥炸鸭子的制作，最后根据操作过程，完成酥炸鸭子的实验报告。

5. 社会实践

（1）搜集鸭的品种、菜肴。

（2）调查本行业对酥炸技法的运用。

（3）制作"酥炸鸡腿"一道，写出操作过程，口味特征，注意事项，成本计算。

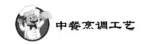

百味精粹

香 菇 汁

原料：优质干香菇 500 克，白糖 50 克，精盐 20 克，鸡精 100 克，味精 100 克，香油 50 克。

制法：香菇洗干净，放入热水（4 千克）中泡 3 小时，入锅小火煮 20 分钟，捞去香菇，加入白糖、精盐、味精、香油调匀，出锅即成。

用途：主要用于豆制品、蔬菜、禽类等菜肴。

课题三　醋熘

1. 了解鹅的品种、特色。
2. 掌握淀粉的鉴别、保管。
3. 基本掌握醋熘技法。

技法工艺——醋熘

1. 技法介绍

醋熘是以油或水为传热介质，主料经挂糊或直接在六至七成热油锅中炸熟或炒熟，炝锅后倒回主料，用带芡的糖醋汁调味的一种熘制方法，成品明油亮芡，外香里嫩。醋熘属于急火热油速成的烹调方法，为了达到口味和质感的要求，一般采用兑汁芡为菜肴调味。

2. 工艺要求

（1）选料加工。一般选用家禽和部分植物性原料，形状多加工成块、条、片或整形等。

（2）调味烹制。调味用糖醋味、荔枝味、番茄酱以突出酸味为主。原料先经炸、煮成半成品后，烧淋或包裹芡汁，也可以将半成品炒熟勾芡汁。

（3）装盘成菜。应根据成菜的不同形状，选择适应的盛器。

3. 工艺流程

选料→切配加工→初步熟处理→烹调→装盘→成菜。

4. 友情提示

（1）挂糊和拍粉应合适，使成型美观，质感良好。

（2）糖、醋及其他调味品比例恰当，特别要注意淀粉的多少，以保证芡汁的浓稠度。

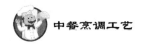

（3）芡汁熘制，动作要迅速，出锅及时以保证成品脆香的质感。

淀粉的品质检验与保管

淀粉的品质因不同的加工原料而有差别，因此，对淀粉的品质检验，除了考虑其固有的品质外，应该从淀粉的加工纯度，是否有其他杂质以及水量等方面加以检验。淀粉的纯度越高，杂质越少，含水量越低，其品质也越好。

对淀粉的保管应注意防潮与卫生。干淀粉吸湿性很强，保管时间过长或保管空气湿度过大，都易因吸收空气中水分而受潮变质。干淀粉也极易吸收异味，所以干淀粉应存放在干燥的地方并尽量缩短存放时间。湿淀粉一时用不完应勤换水，加盖放置，避免污物入内，换水时应先将淀粉和水搅和，待淀粉沉淀后，再倒掉，换上清水。平时须把湿淀粉放在阴凉的地方，避免在高温和闷热的环境中存放，防止湿淀粉受热发酵而变酸，一旦发酵变酸就不能使用，否则菜肴也有酸味。淀粉的种类主要有以下几种：菱角淀粉、土豆淀粉、绿豆淀粉、小麦淀粉、甘薯淀粉。

百味精粹

白豉油王汁

用料：白酱油1000克，味精150克，鸡精100克，白糖50克，鱼露50克，葱白100克，姜片50克，洋葱100克，芹菜100克，香油、胡椒粉各少许。

制法：葱白、姜块、洋葱、芹菜与沸水2.5千克入锅，小火煮至出味时，捞去渣，加入上述各料烧开即可。

用途：主要用于白蒸、白灼类菜肴等，也可用煎、炸类菜肴。

第三学习单元
——家畜烹调技法

食材——家畜

学习目标

1. 了解家畜肉的品种、特点、用途。
2. 掌握家畜肉的分档取料及原料成型。
3. 基本掌握西炸、滑炒技法。

家畜肉主要是指由人工饲养的猪、牛、羊的肉，也包括其加工制品、内脏。家畜肉的种类很多，但其组织结构及特性基本相同，一般由肌肉组织、脂肪组织、结缔组织和骨骼组织组成。不同的组织有不同的结构和不同化学成分。因此，它们具有不同的性质特点和食用价值。它们在同一机体内相互之间有一定的比例，而它们的比例是由畜肉类的品种、年龄、性别、部位及饲养情况等决定。

1. 家畜肉的运用特点

家畜肉在烹饪中主要作菜肴的主料，独立成菜，反映出明显的风味和特点；偶尔也作配料，并适应于和多种蔬菜合烹，也适应多种烹调方法，尤其是猪肉，无膻骚等异味，在调味上适应味型较广。牛肉含水量特别多，但因纤维粗糙而紧密，加热后蛋白质凝固而浓缩，持水能力反而降低，失水量大，使肉质变老，因此炖、焖、卤是常用的烹调方法。羊肉因有较重的膻骚味，烹调使用配料及调味品要根据除膻的原则进行选择。

2. 肉质的品质检验

家畜肉的品质好坏，主要是以肉的新鲜度来确定的，按其新鲜度可分为新鲜肉、不新鲜肉和腐败肉三种。行业中用感官检验的方法来鉴定家畜肉的新鲜度。

家畜肉的感官检验主要是以外观、硬度、气味、脂肪和骨髓的状况来确定肉的新鲜程度，如下所示。

（1）外观。表皮干爽，色泽光润，呈淡红色——新鲜肉；表皮暗灰色，肉色

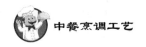

较暗，肉及液体混浊，有黏液——不新鲜肉；表皮潮湿，有黏液，肉呈暗绿色，有发霉现象——腐败肉。

（2）硬度。肉质紧密，有弹性——新鲜肉；肉质柔软弹性小——不新鲜肉；肉质软无弹性——腐败肉。

（3）气味。具有家禽肉特有的气味——新鲜肉；稍有酸味或霉味——不新鲜肉；具有很强的腐败气味和霉味——腐败肉。

（4）脂肪。呈白色，黄色或者淡黄色，结实无异味——新鲜肉；呈灰色且无光泽，容易沾手——不新鲜肉；有强烈的油脂酸败味，有发霉现象——腐败肉。

（5）骨髓。骨腔内充满骨髓，断处可见骨髓光泽——新鲜肉；骨髓和骨腔有缝隙，比较软，颜色较暗——不新鲜肉；骨髓变形，有黏液，色暗淡有腥味——腐败肉。

以上是未经冷冻的畜肉检验方法。冷冻的畜肉和新鲜畜肉的检验方法基本相同。一般质量较好的冷冻猪肉是：有光泽和鲜明的颜色，瘦肉面呈淡玫瑰色，纤维清晰，肉质有硬度，敲击能发出较响的声音，骨骼关节呈白色，骨髓有石灰般光泽，无异味，脂肪白净，骨髓和未冷冻过的骨髓大致相同，整个肉组织正常。

3. 家畜肉的保管

家畜宰杀后，就要进入保管过程。在这一过程中，各种微生物的侵害是引起畜肉腐败的主要原因。故保管肉类的主要方法，在于控制有害微生物的活动和繁殖。

低温保藏是保管肉类的最好方法。低温能冻结肉中的水分，控制微生物的繁殖速度，甚至使其死亡。应当注意，低温只能延缓微生物的繁殖，杀死部分耐寒性较差的细菌，不能彻底杀死各种微生物，对耐寒力强的微生物，只能延长其潜伏期，一旦超出潜伏期，还会继续活动。在-16℃时，可使微生物的潜伏期延长到90天左右。

（1）新鲜猪肉的保管。夏季购进的新鲜猪肉，首先要用冷水冲洗（不可直接用冷水浸泡，否则会把猪肉泡白，影响肉质），把皮上的黏液去掉，然后吊在木栏上通风散热（时间不宜过长，以2~3小时为宜）。猪肉吹干后，即可装进冰箱或冰库，如冷冻条件不具备，或冷冻机、冰箱失效，要及时取出，改用其他方法，或用盐腌制，或高温煮熟。冬季购进后，保管时只要刷洗去污，用湿布盖上，以防止风吹进肌肉使肌肉干硬即可。

（2）冻猪肉的保管。夏秋季购进冻肉后，要及时放冰箱或冰库，以防止融化及风吹干，影响肉质，使用时一般让其自然融化，冬季购入的冻猪肉，也要放进冰箱或冰库，如需使用，可在冷水中浸泡（浸泡时间不宜过长，泡到能分档切配即可），待化解后分档，切配使用。直接对冻猪肉分档，不但操作不便，而且会降低猪肉的利用率。

（3）牛肉的保管。牛肉变质是从表面发生，再向内部扩展，所以容易发现处理。夏季购进后，应立即放入冷库冷藏，如2~3天内不使用，第二天还须盖布，使牛肉不沾水。牛肉冷藏时间不宜过长，且冷藏温度要保持在0℃以下。

（4）羊肉的保管与牛肉基本相同，但羊肉比牛肉更难保管，因为羊肉是从内部先变质，再向外扩展，不易察觉。羊肉在冷藏前，把外表水分晾干，才不易变质。

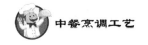

课题一 西 炸

1. 了解猪的各部位名称、特点、用途。
2. 掌握猪的出肉加工。
3. 基本掌握西炸技法。

 技法工艺——西炸

1. 技法介绍

西炸是将材料处理好并腌至入味后，依序沾裹面粉，蛋汁及面包粉，放入五至六成油锅中反复炸熟的一种烹调方法，其成品外酥里嫩。西炸是从西餐引进的一种烹调方法，结合中餐烹调方法，其表面的面包渣也可用芝麻、果仁等原料代替。菜肴如炸牛排、凤尾虾、萝卜肉。

2. 工艺要求

(1) 选料加工。西炸原料，一般选择无骨、无皮的生净韧性原料为主，除去筋络，加工成大厚片、排剁成型。
(2) 调味腌渍。调味一般选用精盐、绍酒、葱、姜等作基本调味。
(3) 拍粉。用淀粉、鸡蛋、面包渣等进行拍粉时要求均匀，适度并结合紧密。
(4) 炸制。逐块分散下锅，炸至呈金黄色或淡黄色捞出，复炸一次。
(5) 装盘。将大片改刀成小条后装盘，随带辅助调料。

3. 工艺流程

选料→切配→腌渍→拍粉→拖蛋液→再拍粉→炸制→改刀→装盘。

4. 友情提示

(1) 腌渍时间应根据原料性质而定，调味要轻。
(2) 拍粉时要按紧原料以防脱落。
(3) 油温控制要恰当，保证良好的色泽和口感。

实践案例——炸仔排

1. 原料分析

我国大部分人喜食猪肉，这与我国的农业、畜牧业的具体情况有关，也与人们千百年来形成的饮食习惯有关。

猪肉中含有较多的肌间脂肪，因而烹调后猪肉的滋味比其他肉类鲜美。猪肉本身的品质因猪的饲养状况及年龄不同而有所不同。猪肌肉的颜色一般为淡红色，煮熟后为灰白色，肌肉纤维细而柔软，结缔组织较少，脂肪含量比其他肉类多。育龄为一至两年的猪，肉呈深红并发暗，质硬而缺少脂肪。猪肉的质量和品种有很大的关系。

我国土地辽阔，各地区的自然条件和饲养方法不同，在全国各地培育成了许多的优良品种的猪。较有名的有北京的黑猪、河北定县猪、山东垛山猪、辽宁新金猪、浙江金华猪、湖北宁乡猪、广东梅花猪、江苏太湖猪等。这些猪种均有较大饲养量，肉质较好，出肉率较高。

按传统养殖地区的不同，在我国，猪可分为华北猪和华南猪两大类，其区别如下表3-1所示。

表3-1　华北猪与华南猪

项目	内容
华北猪	华北猪包括东北、黄河流域、淮河流域地区的猪
	体躯长而粗、耳大、嘴长、背平直、四肢较高，体表的毛较多，背脊上的鬃毛比较长，毛色纯黑
	成熟较晚，繁殖较强
华南猪	华南猪包括长江流域、西南和华南地区的猪
	体躯短阔丰满、皮薄、嘴短、额凹、耳小、四肢短小、背宽、毛细
	肉质优美，成熟较早

除上述猪种外，在我国各地还有从外国引进的猪种，如长白猪、约克夏、大白猪等。其特点是体型大，头蹄较小，出肉率高，肉质鲜嫩。

2. 原料加工分析

粗加工：将猪肉进行分档取料，取出坐臀肉。
细加工：把坐臀肉改刀片成大厚片。

3. 烹调分析

（1）原料。猪肉250克，鸡蛋2个，面粉20克，面包渣100克，料酒5克，椒盐10克，食盐、味精、葱、姜适量，植物油2000克。

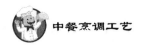

（2）操作过程。

① 将猪肉切成5厘米宽、10厘米长、0.7厘米厚的大厚片，两面用刀拍松并刻上十字花刀，用料酒、食盐、味精、葱、姜、腌制，鸡蛋打散。

② 将猪肉片拍上面粉后从蛋液中拖过，利用面粉和蛋液的黏性，在原料表面粘上面包渣并压实。

③ 锅中放植物油2000克，油六成热时下入猪片炸制，由于猪肉较厚，炸制的油温要降到五成热慢慢炸制，炸至七八成熟时，油温升到七成热，将猪排复炸至熟，然后将猪肉捞出，切成骨牌块码入盘中即可。上桌时带椒盐或番茄沙司佐食。

菜肴特点：色泽火红，形状整齐，外酥内嫩。

（3）诀窍与难点。结合本案例，体会制作西炸类菜肴的诀窍与难点，并补充，以下内容仅供参考。

① 原料刀工处理时，厚薄应一致，拍粉前，一定要腌制入味。

② 拍粉不宜过多，蛋液也应该适量，拍面包糠要均匀，拍后要压紧。

③ 原料入锅炸时，应先中油温炸至七八成熟，再高油温复炸至熟。

4. 做一做

学生分组协作完成"炸仔排"的计划书，然后到原料室领取原料或者到市场上购买原料，到操作室完成此菜肴的制作，最后根据操作过程，完成"炸仔排"的实验报告。

5. 社会实践

（1）搜集猪的各部位名称、特点、用途。

（2）调查本地区西炸的运用。

（3）做一道"炸鱼排"，亲自采购，制作，要求家长点评。

> **百味精粹**
>
> ### 泰国芒果酱
>
> 原料：芒果肉100克，香菜10克，洋葱10克，番茄15克，红甜椒5克，青甜椒5克，泰国鱼露、柠檬汁各适量。
>
> 制法：芒果肉一半切肉，一半制泥状，再和所有原料混合。

课题二　滑　炒

学习目标

1. 了解牛的各部位名称、特点、用途。
2. 熟练掌握苏打浆。
3. 基本掌握滑炒技法的运用。

技法工艺——滑炒

1. 技法介绍

滑炒是采用动物性生净原料作主料，加工成丁、丝、条、片、粒等小型形状，再经上浆，在旺火上，以中油量在锅里过油快速烹制，然后用兑汁芡或勾芡（有的不勾芡）成菜的烹调方法。滑炒菜具有柔软滑嫩、汁紧油亮的特点。

2. 工艺要求

（1）调味上浆。滑炒类菜肴应先调味后上浆，调味的调味品主要是盐、绍酒、酱油；上浆原料主要是淀粉或蛋清淀粉，浆的厚薄及浆后醒浆时间，要根据原料的质地、性能而定。

（2）兑好芡汁。滑炒要求火力旺，操作速度快，成菜时间短，因此需事先或操作时在碗内兑好芡汁，确定菜肴最后的复合味。

（3）过油成熟。将锅烧热，用油滑锅后下油，一般油温控制在150℃以下，迅速划散，待原料转色断生捞起，沥净油。

（4）烹汁成菜。锅内放少量油，下配料略炒，投入成熟原料，随即烹入事先兑好芡汁，淀粉糊化淋亮油，及时出锅装盘。

3. 工艺流程

原料初加工→切配→调味→上浆→兑好芡汁→锅烧热用油滑锅→下油在五成熟（150℃）以下油温中过油将原料成熟→煸炒辅料→倒入成熟原料→烹入兑好芡汁→淀粉糊化淋亮油→出锅装盘。

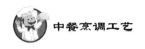

4. 友情提示

（1）调味上浆时，抓拌原料出手轻，用力匀，抓匀拌透，使原料全部被包裹住，既要防止断裂破碎，又要将原料上浆有劲，否则会造成脱浆，出水现象，严重影响质感。

（2）主辅料配合滑炒的菜肴应将辅料另行煸炒断生或与主料同时过油，以保证主辅料成熟一致，达到菜肴滑嫩，成菜迅速。没有配料的菜肴，过油后可直接烹入芡汁。

（3）烹入芡汁或勾芡都应从菜肴四周浇淋，并待芡汁内的淀粉充分糊化，才能翻炒颠锅，使芡汁裹住原料，淋少许亮油，转动炒匀，及时出锅装盘。

 实践案例——尖椒牛柳

1. 原料分析

牛肉在我国约占畜肉消费量的9%，现在消费比例逐年有所增加。通常食用的牛肉，多由丧失劳动能力的黄牛、水牛或淘汰的乳牛提供，也有专门饲养作肉用的水牛和黄牛。在南方水牛肉较多，北方黄牛肉较多。随着我国经济的发展和人民生活水平的提高，肉用牛的饲养越来越多，从而较好满足市场的需求。如按性别分，有母牛肉、公牛肉，如按生长期分有牛犊肉、腱牛肉。不同品种以及不同性质和生长期的牛肉，在质量上有较大差别，如下表3-2所示。

尖椒牛柳

表3-2 不同品种以及不同性质和生长期的牛肉

分类依据	种类	特点
品种	黄牛肉	肉色呈暗红色，肌肉纤维较细；臀部肌肉较厚，肌肉脂肪较少，为淡黄色；肉质好
	水牛肉	肉色比黄牛肉更暗，肌肉纤维粗而松弛；有紫色光泽，臀部肌肉不如黄牛肉厚，脂肪为黄色；肉不易煮烂，肉质较差
生长期	犊牛肉	未到成年期的牛即为犊牛，犊牛的肌肉呈淡玫瑰色；肉细柔松弛，肌肉间脂肪含量少；肉的营养价值和滋味远不及成年的牛
	腱牛肉	肉结实，油润，呈红色；皮下积蓄少量黄色脂肪，肌肉间也含杂少量脂肪；质量较好
性别	公牛肉	肉呈棕红色或暗红色，肉切面有蓝色的光泽；肌肉粗糙，肌肉间无脂肪夹条；质量一般
	母牛肉	肉呈鲜红色，肌肉较公牛肉柔软；生长期过长的母牛，皮下往往无脂肪；肉质较差

2．原料加工分析

粗加工：将牛肉进行分档取料，取出牛里脊。

细加工：将牛里脊改刀成大厚片，再切成粗条。

3．烹调分析

（1）原料。新鲜牛里脊肉300克，绿尖椒250克，绍酒20克，精盐8克，味精15克，食用碱2克，酱油10克，色拉油2000克（耗油50克），麻油5克，鸡蛋1个，蚝油15克。

（2）操作过程。

① 将新鲜牛里脊肉切成0.6厘米见方，4厘米长的条，漂洗净血水后，用干净布吸干水分，再用精盐5克、绍酒10克、鸡蛋清和食用碱上浆，再入冰箱静置2小时。新鲜绿尖椒摘去蒂，洗净备用。

② 炒锅放置中火上，下色拉油2000克，等油温升至四成热时，将牛柳入锅划散，至刚熟时捞起，再将尖椒滑油，至颜色变绿，倒入漏勺，沥尽油。

③ 原锅留底油少许，将牛柳和尖椒倒回炒锅，加绍酒、精盐、酱油、蚝油、味精，翻炒片刻，勾芡，淋上麻油，出锅即可。

（3）诀窍与难点。结合本案例，体会制作滑炒类菜肴的诀窍与难点。

① 原料刀工处理时，要去骨，形状要整齐，与外界接触面积大。

② 原料滑油，刚下锅时，不要立即推散原料，防止原料脱浆。等原料定型后再推散原料。

③ 原料滑油至原料刚熟时捞起，炒制菜肴时，时间应短，动作宜快，原料入味即可。

4．做一做

学生分组协作完成尖椒牛柳的计划书，然后到原料室领取原料或者到市场购买原料，到操作室完成此菜肴的制作，最后根据操作过程，完成制作尖椒牛柳的实验报告。

5．社会实践

（1）搜集牛的各部位名称及特点、用途。

（2）调查浙菜"滑炒"技法的运用。

（3）制作"滑炒"菜肴一道，与家长共同采购，制作完成。

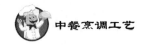

百味精粹

秘制葱椒酱

原料：花椒 20 克，香葱 15 克，嫩姜 5 克，料酒 10 克，海鲜酱 100 克，柱侯酱 50 克，南乳 10 克，蚝油 20 克，白糖 20 克，鸡精 3 克，精炼油 20 克。

制法：①花椒用料酒泡软后剁成细泥状，香葱、嫩姜分别切成细蓉和花椒泥拌匀；②炒锅加精炼油置旺火上，下入葱椒炒出香味，再下海鲜酱、柱侯酱、南乳、蚝油、白糖、鸡精，待汁沸后换小火烧至香味起盛入容器。

特点：葱椒味浓，风味独特。

制作关键：①花椒一定要剁细；②葱椒炒时一定要炒出香味。

课题三 炖

1. 了解羊的各部位名称、特点、用途。
2. 掌握冷水锅焯水的运用。
3. 基本掌握炖的技法。

 技法工艺——炖

1. 技法介绍

炖是指经过加工处理的原料，放入炖锅或其他陶瓷器皿中，添足水，用小火加热，使原料熟软酥烂的烹调方法。炖制菜肴，具有汤多味鲜、原汁原味、形态完整、酥而不散的特点。炖菜中，汤清不加配料炖的叫清汤；汤浓而有配料的叫混炖，他们烹制手法相通，口味略有差异。

2. 工艺要求

（1）选料加工。炖，是一种加热时间较长，但除异味能力较低的加热方法。选料时要求新鲜，结缔组织多，原料老韧。在初步加工时，刮洗干净，切成大块或整形原料。

（2）焯水炖制。原料要经过焯水，去掉血腥和浮沫，捞出洗净，放入炖锅或陶制器皿内，添足热水，用旺火烧开，加盖，移小火炖制熟软酥烂，汤汁浓香或汤清味醇时装盘成菜。

3. 工艺流程

原料选择→初步加工→焯水→炖制调味→装盘成菜。

4. 友情提示

（1）原料焯水要用清水洗净，这样汤汁清澄，味道醇香，色泽不会变成灰白。

羊肉炖土豆

（2）炖菜要一次添足水分，不宜中途加水以防影响口味。

（3）焯水后，放入陶瓷器皿中，添足汤汁，加入调味品，以桑皮纸封口，再放入水锅内进行隔水蒸炖。这样炖法，汤汁清澄，口味醇香，原汁原味，鲜香味不易走失。

 **实践案例——土豆炖羊排**

1. 原料分析

羊肉在我国约占肉类消费总量的4%。在内蒙古、青海、新疆、甘肃等西北地区及西藏等地，饲养羊是重要的畜牧生产活动。羊肉是食物的重要来源，蒙古族、回族、藏族的食物构成中，羊肉是主要的动物性食品。可供肉用的主要有绵羊、山羊，其中有名的品种有蒙古肥绵羊、哈萨克绵羊、成都麻山羊等。绵羊与山羊的区别如下表3-3所示。

表3-3　绵羊与山羊的区别

绵　羊	山　羊
绵羊在我国各地都有饲养；通常肉、毛、皮兼用。绵羊肉坚实，颜色暗红；肉体丰满，是上等的肉用羊	主要产地在东北、华北和四川；主要以肉用为主；皮质厚，肉的色泽较绵羊浅；肌肉和脂肪中有膻味，肉质不如绵羊

2. 原料加工分析

粗加工：取出羊的肋排。

细加工：将肋排切成3厘米见方的块。

3. 烹调分析

（1）用料。羊肋排1000克，小土豆和洋葱各10个（土豆过大要切成滚刀块），香叶1片，精盐、胡椒粉少许。

（2）操作过程。羊肋排（带软骨）斩成3厘米见方的块，锅内放水烧沸，下肋排煮10分钟，捞出，冷水浸泡后再放锅内煮，加水以浸没羊肋排块为度；加香叶、整个的土豆和洋葱，继续煮至羊肉熟透，土豆、洋葱酥烂。吃时连汤带肋排及土豆、洋葱一起装盘，撒上胡椒粉，原汤原味，特别鲜美。

冷水锅焯水：是指把原料和冷水一起下锅加热至一定程度，捞出洗涤后备用。冷水锅适用于腥、膻、臭等异味较重，血污较多的原料，如牛肉、羊肉、大肠、肚子等。这些原料若水沸下锅，则表面会因骤受高温而立即收缩，内部的异味物质和血污就不容排出。冷水锅还适用于笋、萝卜、芋艿、马铃薯等根茎类蔬菜，这些蔬菜的苦味、涩味只有在冷水中逐渐加热才能消除，加上这些蔬菜的体积一般较大，需长时间加热才能成熟，若在水沸后下锅则容易发生外烂里不熟的现象，使焯水除味的目的无法达到。

① 操作程序。洗净原料入锅→注入清水→加热→翻动原料→控制加热时间→捞出用清水投凉备用。

② 操作要领。在焯水过程中要不停地翻动原料，使原料受热均匀，加热后应根据原料性质，切配及烹调的需要，有次序地分别取出，防止加热时间过长，原料过于熟烂。

（3）诀窍与难点。结合本案例，体会炖制菜肴的诀窍与难点，并补充，以下内容仅供参考。

① 腥膻味、异味较重的原料，炖制时要冷水下锅焯水，除异味。

② 为防止炖制菜肴糊锅，可在锅底放竹箅子。

③ 炖制菜肴时，锅的上面会出现一些浮沫，应及时去除浮沫。

4. 做一做

学生分组协作完成羊肉炖土豆的计划书，然后到原料室领取原料或者到市场购买原料，到操作室完成此菜肴的制作。

5. 社会实践

（1）搜集羊的各部位特点、用途。

（2）调查本地区"炖"的运用。

（3）制作"奶汤鲫鱼"一道，利用课余时间，学生互相交流实践经验（要求笔录价格、口味、质感、时间、成型）。

百味精粹

蒜泥红油汁

用料：蒜泥150克，红油100克，浙醋250克，白酱油250克，味精3克，胡椒粉、香油各适量。

制法：将上述各料混合调匀即可。

用途：主要用于白煮、白灼、油淋菜等。

第四学习单元

——淡水鱼烹调技法

食材——淡水鱼

1. 淡水鱼类

鱼类是终生生活在水中，以鳍游动，用鳃呼吸的卵生脊椎动物。淡水鱼是指生活在江、湖、河池中的各种鱼类，品种较之海水鱼少，约有 8600 种，我国约有 800 种，其中不少品种可人工养殖。淡水鱼类一般无洄游习性，但有些品种原生活在海洋，往往洄游江湖，并在江河捕获，如刀鱼、鲥鱼等。

2. 营养价值

鱼类蛋白质含量 15%～20%，和畜肉相近，鱼肌肉蛋白质组织结构松软，比畜肉类蛋白质容易消化。鱼类脂肪与畜肉类不同，大部分是由不饱和脂肪酸组成，通常呈液体状态，易消化，吸收率可达 95% 左右。鱼中钙、磷、碘含量比畜肉高，维生素 B_1、维生素 B_2 含量也比较多，所以鱼类是具有很高营养价值的健康食品。

3. 淡水鱼类在烹饪中的运用

淡水鱼类的烹饪运用相当普遍，菜品极多，适合于多种烹调方法。大部分鱼适合红烧；新鲜的、脂肪含量高的鱼，以清蒸、汆汤、炒为多见；肉厚刺少的，可取鱼肉切丝、片，尤其肉色白、蛋白质含量高的鱼，可取鱼肉斩成蓉，制成花色成型菜肴等。淡水鱼类除鱼肉供食用外，不少鱼的鳍、肝、皮、唇、软骨可作烹饪原料，有的属于珍贵的干制品原料。

4. 淡水鱼的保管

市场上出售的淡水鱼品种繁多，有的是刚捕获的新鲜产品，有的经过短时间储存的产品，有些经过长时间的冷冻，进入饮食店后，必然给保管工作带来困难。因此，要安全、科学的保管好淡水鱼，就必须以淡水鱼的不同情况区别对待。

（1）清水活养。活养主要适用于用鳃呼吸的活鱼类，如鲫鱼、鲤鱼等。清水活养的水温一般在4~6℃，以自然河水为宜，并需适时换水，防止异物杂质入水，以减少死亡，保持鲜活。

（2）冰鲜。对短时间存储的鱼类产品，可以用压冰处理的方法，即将鲜鱼放在泡沫箱中，然后加入一定量的冰进行保鲜处理。

（3）冷藏。对于已经死亡的各种鱼类，保管以冷藏为宜，冷藏的温度视情况而定，一般控制在-4℃以下，便能保管2~3天；如果数量太多，需保管较长时间，温度则宜控制在-20~-15℃为宜。凡冷藏的鱼，应去内脏，再入冰箱，存放时堆放不宜堆叠过多。冷气进不了鱼体内部，就会引起外冻而里变质的现象，若冷藏的鱼要使用，也应采取自然解冻的方法。冷藏后的鱼，解冻后不宜再冷藏，否则，鱼肉组织就会被破坏，丧失内部水分，导致肉质松散，降低鱼的鲜度和营养价值。

小常识

胆毒鱼类

胆毒鱼类是指鱼胆有毒的鱼类。我国部分地区有吞服鱼胆治病的习惯，认为胆有"清热解毒""明目"的效用，而误食产生中毒。具有胆毒的鱼类是鲤科鱼类，如青鱼、草鱼、鲤鱼等。这种鱼类胆汁有毒，烹调时要除去胆。

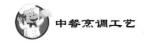

课题一　葱 熄

1. 了解鲫鱼的性质、特点、用途。
2. 基本掌握水产品的加工要求。
3. 初步掌握葱熄技法的运用。

技法工艺——葱　熄

1. 技法介绍

葱熄以水为传热介质,主料经过初步熟处理后,先用热油爆香葱,放入主料及调味料,小火焖烧至入味的一种烹调方法。葱熄菜的特色就在于,葱的分量多,能凸显葱的香味,成品色泽红亮,味透肌里。

2. 工艺要求

(1) 原料选择,刀工切配。熄制菜品的原料,要求选用新鲜易熟的鸡、鸭、鱼、虾等,一般加工切配成块、厚片、条以及自然形态的形状,要求大小均匀,以使原料成熟一致。

(2) 熟处理。熄制法原料切配组合后,须经过油炸制成半成品。

(3) 调味制。锅内放少许油,用葱、姜炝锅出味后,加调味品和鲜汤,上小火熄制,见汤汁浓稠时,移旺火收汁淋油起锅装盘,弃去葱、姜成菜。

3. 工艺流程

原料选择→洗涤加工→切配→过油炸制→调味熄制→旺火收浓汁→淋油起锅装盘→成菜。

4. 友情提示

(1) 以熟料熄制的称熟熄,以生料制的称生熄。不论何种熄法,都需熄至入味。

(2) 熄制菜肴,出锅装盘后,可用绿色蔬菜进行点缀,以增加菜肴的色彩。

（3）加入的葱、姜调味品，当燉制完毕时，须拣去不要，以保持菜肴的清爽整洁。

实践案例——葱燉鲫鱼

1．原料分析

鲫鱼为我国各地常见鱼，以河北白洋淀、南京六合龙池所产最好，一年四季均出产，2—4月，8—12月最肥美，亦可人工养殖。鲫鱼体侧扁、宽而高、腹部圆、头小、鳞大，体呈银白色，也有金黄色的，嘴上无须，肉嫩，味鲜，营养丰富，为上等淡水鱼类之一。妇女哺乳期食鲫鱼可发奶。鲫鱼干烧、氽汤、清蒸均可。

2．原料加工分析

加工步骤：刮鳞→去鳃→取出内脏→洗涤→加工成型。

粗加工：先将鱼身平放在案板上，鱼头朝左，鱼尾朝右，左手按住鱼头，右手持刀（刀的倾斜度应根据鱼鳞的特点和鱼的新鲜度的不同而不同）。从尾部向头部刮过去，将鱼鳞刮干净（对有些鱼类，如黑鱼等，因鱼鳃较硬，用手挖

葱燉鲫鱼

除时要防止被弄伤，可用剪刀剪去）；再用手挖去鱼鳃。除去鱼内脏时，根据鱼的大小和用途不同，采取不同的方法，一般情况有两种，一是将鱼的腹部割开，取出内脏，再洗干净，这种方法主要用于体型较大或不做整鱼上桌的鱼，另一种是从鱼的口腔中将内脏取出，先在鱼的脐部割一刀，将内脏割断，然后用手或两根筷子从口腔插入，夹住内脏用力拉出，再用清水冲净，这种方法适用体形较小的鱼，如黄鱼、鲈鱼等；最后把鱼清洗干净。

细加工：将鲫鱼剞上多一字形花刀。

3．烹调分析

（1）原料。活鲫鱼一条（约500克），葱300克，姜片5克，绍酒5克，白糖5克，味精2克，酱油20克，色拉油2000克。

（2）操作过程。

①鲫鱼粗加工后，在鱼身两面剞上多一字花刀，抹上酱油，葱整理好切成7厘米的长段。

②用七成热油锅，下鱼炸至外表结壳捞出。

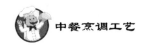

③ 先将少量油把葱炒香盛去一半，投入姜片，放入鲫鱼，烹入绍酒，加盖焖一下，加白糖、酱油、味精、水，再放上葱，用小火至鱼嫩熟入味，转旺火收浓汤汁，盛入盘中即可。

（3）诀窍与难点。结合本案例，体会制菜肴的诀窍与难点，并补充，以下内容仅供参考。

① 爆制菜肴的原料应选择新鲜，易熟，无腥膻味的原料。

② 原料在爆制前，应过油炸至表面定型。

③ 爆制菜肴时，应防止原料糊底粘锅。

4．做一做

学生分组协作完成葱爆鲫鱼的计划书，然后到原料室领取原料或者到市场购买原料，到操作室完成此菜肴的制作，最后根据操作过程，完成葱爆鲫鱼的实验报告。

5．社会实践

（1）搜集鲫鱼的品种、特点、用途。

（2）调查本地区"葱爆"的运用。

（3）制作"葱爆小黄鱼"一道，要求亲自制作，亲自采购，家长点评。

厨艺常识

水产品初步加工要求

在一般情况下，水产品在正式烹调前都要经过初步加工，如宰杀、刮鳞，去鳃、取内脏、剥皮、洗涤等。这些处理，根据不同的品种和用途合理地采用。初步加工应符合如下几方面的要求：①符合卫生要求；②根据品种加工；③根据用途加工；④不碰破苦胆；⑤合理使用原料，减少损耗。

百味精粹

葡　汁

原料：西芹粒200克，红椒粒100克，干葱粒100克，大蒜粒100克，姜蓉80克，菠萝粒300克，豆瓣酱180克，沙参酱300克，咖喱粉100克，蜜糖150克，三花蛋奶100克，水2000克，精盐、味精、鸡粉、椰浆、牛油各适量。

制法：用牛油炒香干葱粒，咖喱粉烧开，加进以上原料调好口味，面捞排芡即可。

课题二　蒜　爆

1. 熟悉蒜爆的运用范围。
2. 了解草鱼的性质、特点、用途。
3. 掌握丁的成型方法及要求。
4. 掌握水粉浆的调制及手法。

技法工艺——蒜　爆

1. 技法介绍

蒜爆是以油为传热介质，主料改刀后，经上浆或直接用热油滑熟倒出，蒜泥炝锅后倒回主料，淋上事先兑好的芡汁，快速翻炒成菜的一种烹调方法。成品汁紧油明，滑嫩爽口。蒜爆适合多种动植物原料，在火候上要求急火热油速成，因此调味料要事先兑在汁水中，汁不要太多，以能裹住原料为宜。

2. 工艺要求

（1）选料加工。蒜爆是油爆的延伸，选料范围较广，一般动植物原料均可，形状以丁、条、花刀为主。

（2）调味烹制。原料需腌渍，上浆或拍粉，经热油处理成熟，烹制时要突出蒜香味，一般使用兑汁芡。

（3）装盘成菜。要求形态饱满，卤汁紧包，食后无余汁。

3. 工艺流程

选料→切配→上浆→过油→炝锅→爆制烹汁→颠锅推勺装盘。

4. 友情提示

（1）刀工处理要均匀，注意主副料配制。
（2）上浆不宜过厚，可适当过油分散，也可在冰箱中放置一段时间。
（3）过油时要正确掌握油温，保证质量。
（4）炝锅爆制，烹入调味汁芡应一气呵成。

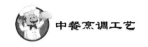

实践案例——蒜爆鱼丁

1. 原料分析

草鱼，体呈亚圆筒形，青黄色，头宽平，口端位，无须，背侧呈菜黄色，腹部灰白，底层栖息，以水草为食，3~4龄成熟，在江河上游产卵，可人工繁殖，鱼苗生长迅速，大者长达1米，重达35千克以上，为我国四大淡水养殖鱼类之一。我国南北方均产草鱼，以湖南、湖北所产质量最好，一年四季均产，9—10月产的质量最优，肉白色，细嫩，有弹性，味美。草鱼可红烧、炖，也可加工成鱼片烹制。

蒜爆鱼丁

2. 原料加工分析

加工步骤：刮鳞→去鳃→取出内脏→洗涤→取出脊背肉→去鱼皮。

细加工：将去皮鱼脊背肉片成大厚片，切成条，再改刀成0.8厘米见方的丁。

3. 烹调分析

（1）原料。去皮净草鱼肉200克，大红椒30克，蒜泥10克，绍酒5克，味精2克，湿淀粉20克，色拉油200克（约耗50克）。

（2）操作过程。

① 将鱼切成0.8厘米见方的丁，放入碗内，加精盐、绍酒、湿淀粉上浆，红椒切丁待用。

② 将绍酒、味精、湿淀粉、水20克放入碗中兑成味汁待用。

③ 锅置旺火烧热，滑锅，下油烧至四成热时放入鱼丁、红椒丁、划散，至鱼肉断生捞出。

④ 原锅留底油放置旺火上，下蒜泥时，烹入兑好的味汁，倒入鱼丁，轻翻锅、淋明油即成。

（3）诀窍与难点。结合本案例，体会爆制类菜肴的诀窍与难点。

① 原料初加工后需调底味，底味宜淡不宜咸。

② 芡汁需要事先兑好，爆制时，火要大，油要热，动作要迅速，菜肴出锅

要快。

③ 制作鱼类菜肴时，翻锅要把握时机，减少次数，以防原料破碎。

4. 做一做

学生分组协作完成制作蒜爆鱼丁的计划书，然后到原料室领取原料或到市场购买原料，到操作室完成此菜肴的制作，最后根据操作过程，完成蒜爆鱼丁的实验报告。

5. 社会实践

（1）搜集草鱼的品种、特点、用途。

（2）调查本地区"蒜爆"的运用。

（3）制作"蒜爆豆腐"一道，要求亲自制作，亲自采购，同学间互相交流。

> **小常识**
>
> ### 丁
>
> 丁适用的原料范围较广，凡是有一定厚度的无骨原料均可切成丁，如肉丁、鱼丁、鸡丁等。丁的种类较多，按其形状可分正方丁、橄榄丁、圆筒丁。按丁的体积可分为大丁、中丁、小丁三种。大丁一般为 1.5 厘米见方，中丁为 1.2 厘米见方，小丁为 0.8 厘米见方。丁的成型方法和条相同，先把原料切或片成大厚片，再切成长条并排列整齐，最后顶刀切成丁。要注意，用来作主料的丁要大些，动物性原料的丁要略大于植物性原料的丁，易碎或质地较嫩的原料的丁要大些。切丁时，还要注意，对于质地较老的原料应先拍松再加工成丁，对于不规则的原料，如猪肉、鸡肉等，加工成丁既要考虑大小，又要考虑形状的规则及原料的利用率。

> **百味精粹**
>
> ### 釉 花 汁
>
> 原料：浓缩橙汁 200 克，鲜釉子肉 500 克，白醋 600 克，白糖 600 克，青柠水 100 克，酒酿 250 克，清水 600 克，橙黄色素少许。
>
> 制法：各料入锅烧开，出锅即成。
>
> 用途：此汁可用于脆奶釉花骨，釉汁鱼柳等。

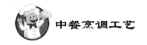

课题三 生 炒

1. 生炒技法的推广运用。
2. 鳙鱼的性质、特点、用途。
3. 长方块的成型方法及要求。

技法工艺——生炒

1. 技法介绍

生炒是将生料直接投入底油锅中，烹入调味料加汤烧至成熟后，淋上芡汁翻匀起锅，具有色泽明亮、质感滑嫩的特点。

2. 工艺要求

（1）选料加工。应选择质感细嫩，本味较好的原料，加工成块、条、整形为主。

（2）调味烹制。调味以复合味为常见，烹制要求注重火候、时机，保证良好质感。

3. 工艺流程

原料初加工→切配→锅烧热用油滑锅→放油烧至170℃左右热→投入原料煸散→加入调味品炒至断生→匀芡装盘。

4. 友情提示

（1）需要勾芡时，根据生炒原料烹制菜汁存余的多少，掌握稀稠程度。

（2）生炒过程中，要求保持高温，并非指高油温，而是指火力旺，原料下锅前用相对中火，待原料下锅时加大火力，就能使锅内保持恒定的温度。防止炒焦粘锅，掌握不同原料的成熟程度及时颠锅成菜。

实践案例——头肚醋鱼

1. 原料分析

鳙鱼为我国四大养殖鱼类之一，原产湖北、湖南，现在全国各地普遍养殖。

鳙鱼很像鲢鱼，但头部大，约占全身的 1/3，肚宽背厚，体色较浓，背部黑褐色，腹部灰白色，肉白细嫩，味美，红烧、干烧、炖、清蒸均可。

2. 原料加工分析

加工步骤：刮鳞→去鳃→取出内脏→洗涤→刀工处理。

头肚醋鱼

细加工：取下鳙鱼的头和肚档肉，斩成长 5 厘米，宽 2 厘米的长方块。

3. 烹调分析

（1）原料。鳙鱼头及肚档肉 400 克，熟笋 50 克，熟猪油 50 克，甜面酱 10 克，米醋 50 克，酱油 60 克，料酒 25 克，汤水 200 克，白糖 25 克，湿淀粉 50 克，葱末、姜末、胡椒粉少许。

（2）制作过程。

① 取鳙鱼头及肚档肉 400 克，斩成长 5 厘米，宽 2 厘米的长方块；熟笋切成小长方块。

② 炒锅添熟猪油，置旺火上烧至六成熟，放入鱼块，将炒锅颠翻几次，烹入料酒 25 克，加酱油 60 克，白糖 25 克，甜面酱 10 克，笋块和汤水 200 克，加盖烧沸后，再烧 5 分钟，用米醋 50 克，湿淀粉 50 克调匀，勾薄芡，淋入熟猪油，炒锅一旋一翻，起锅装盆，撒上葱末、姜末、胡椒粉即成。

（3）诀窍与难点。结合本案例，体会制作生炒类菜肴有哪些诀窍与难点，并补充，以下内容仅供参考。

① 根据生炒类菜肴的原料，选择是否勾芡，一般植物类原料不勾芡。

② 生炒类菜肴，原料刀处理时，成型不宜大，不宜厚，不宜粗。

4. 做一做

学生分组协作完成制作头肚醋鱼的计划书，然后到原料室领取原料或者到市场购买原料，到操作室完成此菜肴的制作，最后根据操作过程，完成头肚醋鱼的实验报告。

5. 社会实践

（1）搜集鳙鱼各部位的利用情况，特别是鱼头菜肴。

（2）调查本地区"生炒"的运用。

（3）制作"糖醋鱼块"一道，亲自采购，计算出成本，家长点评。

厨艺常识

长 方 块

适用原料：常用于体型较大、较厚的各种原料，如肉类、鱼类、瓜果类原料等。

成型方法：先按规格要求加工成一定厚度的大厚片，以长方块的长度为宽度加工成长条，最后改切成长方块。

规格要求：大长方块长约4.5厘米，宽2.5厘米，厚1.5厘米，小长方块长约3.5厘米，宽2厘米，厚0.8厘米，也有的长方块长达9厘米，如香酥条排等。

教你一招

炝 锅

炝锅是在主料下锅前，先投入香味类原料，如葱、姜、蒜等，待煸出香味后，倒回主料的一种方法，主要对腥膻异味较重的原料。

百味精粹

茶 香 汁

原料：特级信阳毛尖茶叶5克，高级清汤500克，精盐5克，料酒2克，鸡精5克，玫瑰露酒5克，湿淀粉10克，葱姜汁10克。

制法：将特级信阳毛尖茶叶用纯净开水泡开5分钟后，把茶叶取出另用；炒锅添上高级清汤置中火上，汁沸后下泡开的特级信阳毛尖茶叶，精盐、料酒、鸡精等，待有茶香味时勾湿淀粉，出锅入容器。

特点：茶叶清香怡人，汤清可口。

制作关键：第一次泡茶的水必须除去，否则汁内苦味较重；此汁凉后放保鲜冰箱，量不宜过多，一般1~3天将汁用完为好。

课题四 熟 炒

1. 初步掌握熟炒技法的运用。
2. 了解黄鳝的性质、特点、用途。
3. 基本掌握划鳝丝、取鳝片的技法。

技法工艺——熟炒

1. 技法介绍

熟炒是指经初步熟处理的原料，再经改刀成条、丝、丁、片等形状后，用中火热油，加调配料炒制成菜的烹调方法，熟炒菜肴，具有香酥滋润、见油不见汁的特点。

2. 工艺要求

（1）原料熟处理。原料在水中煮熟断生，刚熟或软熟捞出晾凉，或原料在蒸笼里蒸熟出笼晾凉。

（2）切配。按成品要求，切成主辅料相适应的形状。

（3）熟炒烹制。以中火为主，旺火为辅，用油量恰当，150℃左右热油温，直接将原料投入锅中，反复炒出香味，逐一加入调味料，入味颠匀，出锅装盘。

3. 工艺流程

选料→熟处理→切配→滑锅下料→熟炒烹制→装盘。

4. 友情提示

（1）有一些不易迅速成熟的辅料，要先焯熟处理，如笋和茭白等。

（2）若使用甜面酱、豆豉、郫县豆瓣等类调味品，必须炒出香味，以保证菜肴质量。

（3）有些菜肴需勾薄芡，使菜肴略带卤汁。

实践案例——宁式鳝丝

1. 原料分析

黄鳝，全国各地淡水地区均产，以江浙和长江沿岸各省产较多，常栖息于水田烂泥中，全年都可以捕捉，以夏秋品质为最美，是我国特产。黄鳝体细长，呈蛇形，体润滑无鳞，体色微黄，腹部灰白，体长一般在 25~40 厘米，大的可达 60 厘米，肉呈灰色，较嫩，味鲜，富含营养。

2. 原料加工分析

粗加工：将黄鳝放入锅内，冲入沸水，立即加盖，烫泡至黄鳝张口，身体变形时，加入少量食盐和米醋，搅匀，浸泡至白涎脱落，即可捞出划成鳝丝。

宁式鳝丝

细加工：将鳝丝切成 5 厘米长的段。

3. 烹调分析

（1）原料。熟鳝丝 300 克，熟笋 100 克，净韭芽 50 克，葱段 2 克，葱白段 5 克，胡椒粉 1 克，绍酒 10 克，酱油 20 克，味精 1.5 克，湿淀粉 25 克，麻油 25 克，白汤 75 克，色拉油 60 克。

（2）操作过程。

① 将鳝丝切成筷子粗细、长 5 厘米的段，韭芽切成 4 厘米的段，笋切丝待用。

② 锅置中火，加底油投入葱白段煸至香放入姜丝、鳝丝，煸至鳝丝两头略翘，加绍酒、白汤略烧，放笋丝、韭芽、酱油至沸，下味精，用湿淀粉勾芡，淋入麻油翻拌均匀出锅装盘，撒上胡椒粉、葱段即可。

（3）诀窍与难点。结合本案例，体会熟炒类菜肴的诀窍与难点，以下内容仅供参考。

① 熟炒原料在初步熟处理时，应根据原料特性，把握好的时间，不宜过熟。

② 有些原料，是刀工处理后，再初步熟处理，如冬笋、茭白等。

4. 做一做

学生分组协作完成制作宁式鳝丝的计划书，然后到原料室领取原料或者到市场购买原料，到操作室完成此菜肴的制作，最后完成制作宁式鳝丝的实验报告。

5．社会实践

（1）搜集黄鳝的特点、用途。

（2）调查本地区"熟炒"的运用。

（3）制作"回锅肉"一道，要求亲自制作，亲自采购，家长点评。

百味精粹

潮式甜辣酱

原料：泰国鸡酱 50 克，辣椒酱 20 克，番茄沙司 20 克，冰花梅酱 5 克，蒜泥、清水各适量。

制法：锅置火上，加底油，煸香蒜泥，加泰国鸡酱、辣椒酱、冰花梅酱、番茄沙司和清水烧匀即可。

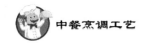

课题五　清　氽

学习目标

1. 掌握鱼蓉、鱼丸的制作方法、制作技巧。
2. 掌握氽鱼丸的火候、时间。
3. 了解鲢鱼的性质、特点、用途。

技法工艺——清氽

1. 技法介绍

清氽是将原料放入冷水或温水中，用中小火加热，使原料缓慢成熟的加热方法，水温控制在80~90℃。清氽菜肴：口味咸鲜，质感软嫩。

2. 工艺要求

（1）选料加工。氽选用肉质细嫩的鱼、虾类，加工成蓉泥状，搅拌成胶形。

（2）调味烹制。一般以咸鲜味调入，氽类菜要求搅打时，加水、盐的比例要正确，胶蓉细滑有劲；下锅水温控制恰当，不宜沸腾，成品细嫩洁白，有光泽，有弹性。

3. 工艺流程

选料加工→刮剁成蓉泥状→调味加水→搅打→下水焐→烹制→装盘成菜。

4. 友情提示

（1）掌握好水、精盐、蓉泥的比例，搅打要上劲。

（2）制作时排剁要均匀，细腻，血水要漂尽。

（3）掌握好火候，切忌水沸腾。

（4）制球手法熟练，大小均匀。

实践案例——清汤鱼丸

1. 原料分析

鲢鱼，为我国四大养殖鱼类之一，多产于长江以南的淡水湖中，在池塘养殖也很多。它们主要以浮游生物为食，以冬季产的为佳，湖北、湖南产的最好。

鲢鱼身体长扁，头较大，鱼眼偏下，鳞片细小，体色银白，刺多，大的重量可达 5～10 千克。鲢鱼的肉细嫩，含水量高，易变质，吃法和鳙鱼相同。

清汤鱼丸

2. 原料加工分析

粗加工：前期处理同鳙鱼。先将鲢鱼放在砧板上，用左手按住鱼体，右手持刀，从背鳍处贴背骨割一刀，横批进至鱼腹，前至鱼鳃，后到鱼尾，把鱼肉全部片下；再将鱼体翻过来，按同样的方法把另一面的鱼肉全部片下；最后将两扇鱼肉的肚档余刺片净。

细加工：将鱼肉加工成鱼蓉，加适量的水、盐、蛋清搅打上劲，挤成鱼丸。

3. 烹调分析

（1）原料。净鲢鱼肉 200 克，熟火腿 3 片，熟笋片 3 片，熟香菇 1 朵，小菜心 25 克，精盐 17 克，味精 2.5 克，清油 75 克，鸡蛋清 25 克。

（2）制作过程。

① 将鱼肉置砧板上，排剁至鱼泥有黏性，盛入容器，分次加入清水 200 克，精盐、味精，搅拌上劲起小泡时，再加清油 75 克，鸡蛋清 25 克静置几分钟，让其涨发，用手挤成鱼丸。

② 将鱼丸放入冷水锅中，然后至中火上，烧至 80～90℃ 时，加冷水，防止水沸，反复 3～4 次至鱼丸成熟，鱼丸捞出沥水。

③ 将清汤倒入砂锅，置旺火至沸，把鱼丸倒入锅内，加精盐、味盐、小菜心，然后倒入汤锅。

④ 熟火腿片，熟笋片置于鱼丸上面，呈三角形，中间放熟香菇一朵，四周用小菜心点缀，淋上熟鸡油即成。

（3）诀窍与难点。结合本案例，体会制作清余类菜肴的诀窍与难点。

① 鱼肉在打制鱼蓉时，要分次加入水、盐、鱼肉搅拌要上劲。

② 鱼丸在初次下锅煮时，水温不宜超过90℃，以防把鱼丸煮散。

4. 做一做

学生分组完成制作清汤鱼丸的计划书，然后到原料室领取原料或者到市场购买原料，到操作室完成此菜肴的制作，最后根据操作过程完成制作清汤鱼丸的实验报告。

5. 社会实践

(1) 收集鲢鱼各部位的利用情况。
(2) 调查本地区"汆"的运用。
(3) 制作"菜心汆肉丸"一道，亲自采购，计算出成本，请家长点评。

百味精粹

红 花 汁

原料：藏红花3克，高级清汤500克，精盐5克，鸡精5克，料酒3克，葱姜汁10克，玫瑰露酒5克，湿生粉20克。

制法：用高级清汤将藏花红泡开后，放入炒锅上烧开，把藏花红捞出另用，再下精盐、鸡精、料酒、葱姜汁、玫瑰露酒，汁沸后勾湿生粉淋熟鸡油盛入容器。

特点：色泽金黄，汤鲜味美。

第五学习单元

——果蛋奶烹调技法

食材——果蛋奶

学习目标

1. 了解果品、乳蛋的品种鉴别及保管。
2. 基本掌握软炒、松炸、蜜汁、挂霜的烹调技法。
3. 培养自学能力和创新能力。

1. 常用的鲜果品种

（1）苹果又称频婆、平波、超凡子等。苹果是世界"四大水果"之一，果实呈圆形、扁圆形、长圆形等形状，果皮呈青、黄或红色，质地脆嫩，甜酸可口。苹果主有辽伏、夏绿、富士、国光等品种。苹果除鲜食外，主要适用于拔丝，酿类菜肴。苹果以个大，无疤痕，味甜而清香为佳品。

（2）梨又称快果、果宗、蜜父等。梨的品种繁多，果实呈倒卵状或卵圆形，果柄长，皮色黄、果点细密，含石细胞少，果肉脆，细嫩无渣，味香甜，水分多，果实大，主要有白梨、西洋梨、沙梨等品种。梨除鲜食外，主要适用于酿、蜜汁等烹调方法。梨以新鲜、皮光洁、无虫伤、脆甜而香为佳品。

（3）桃又称桃子、桃实等，是一种夏秋季水果，形状多为尖圆形，也有扁圆形，表面有茸毛，颜色有白色和黄色、红黄色，甘甜多汁，有的桃果肉和果核粘连，有的不粘连。我国桃的品种主要有天津水蜜桃、山东肥城桃、上海水蜜桃、奉化雨露桃、黄李光桃、甜仁李光桃等。桃除鲜食外，烹调中主要用于制作甜汤、桃脯等。桃以个大，无虫蛀，色白或略带红色，肉质柔软多汁，味甜者为佳品。

（4）橘又称橘子、蜜橘、黄橘等，果实扁圆，顶部平或微凹，果皮呈红黄或青黄之色，味酸甜不一，核较多，果心不充实，种子尖细，仁绿色。温州蜜橘，黄岩蜜橘是我国有名的橘子品种。橘子除鲜食外，烹饪多用于甜羹菜肴的制作。橘以个大，味甜，色艳，无籽或少籽为佳。

（5）香蕉又称蕉子、蕉果，果呈长柱形，有棱，果实长在植物顶部圆锥状花

轴上，一般到六成至八成熟时采收，这时果皮呈绿色，果肉生硬，味涩不宜食用，香蕉成熟后皮呈黄色，果皮易剥落，果肉白黄色，软嫩，滑腻，滋味甜美。香蕉主要有粉蕉和甘蕉两大类。香蕉除鲜食外，烹调多用于拔丝、蜜汁类菜肴的原料。香蕉以皮黄而洁净，无疤痕为佳。

（6）葡萄又称草龙珠、山葫芦，果实呈椭圆形和圆形，有黑色、红色、紫色、绿色，皮薄多汁，甜酸可口。我国著名的葡萄有：北京的紫玫瑰香葡萄、大连的巨峰葡萄、辽宁的龙眼葡萄、新疆的无核白葡萄。葡萄主要用于鲜食，制葡萄干，酿葡萄酒。葡萄以果实新鲜，无僵子，无病癍，成熟适度，不破不裂为佳。

（7）荔枝又名丹荔，果实呈心脏形或圆形，果皮有多数鳞斑凸起，果皮未成熟时为青色，成熟时为深红色、紫红色或青绿色，主要有三月荔枝、黑叶荔枝、桂枝等品种。荔枝除鲜食外，一般用鲜荔枝肉制甜汤类菜肴。荔枝以大小均匀，核小，色泽鲜艳，肉厚汁多，质嫩味甜为佳。

（8）菠萝又称凤梨、草波罗、地波罗，果实呈球果状，是一种多汁的聚花果，果肉中心有一层厚的肉质中轴，松软，多汁，微酸，有特殊的芳香气味。我国广东、广西、福建、台湾等省（区）已均栽培菠萝。菠萝除鲜食外，在烹饪中多用于沙拉、水果羹等菜肴。菠萝以肉色黄、多汁味甜、无涩味为佳。

（9）山楂又称红果、山里红，果实近似球形，个大，红色，有淡褐色的斑，主要有大金星、艳阳红等品种。山楂除鲜食外，可以制作拔丝等菜肴。山楂以个大，肉厚，色泽鲜艳，无虫蛀为佳。

（10）草莓又称洋草莓，月季莓，形状有圆锥形，扁圆形，荷包形等，色深红，肉纯白，柔软多汁，味芳香。草莓除鲜食外，还可以和奶油、甜奶一起制成奶油草莓。草莓以个大，色红，无挤破为佳品。

（11）樱桃又称含桃、英桃等，果实小，球形，果柄长，鲜红色。有甜樱桃、毛樱桃等多个品种。樱桃除鲜食外，烹饪中一般作甜羹和点缀。樱桃以色鲜红，果肉丰满，味甜而香为佳。

（12）杏，果呈圆形、长圆或扁圆形，果皮呈金黄色，果肉柔软多汁，味甜芳香。杏原产我国，我国大部分省份栽培杏，多集中在黄河流域各省。杏可鲜食，可做羹汤、杏脯等。杏以大个，色泽鲜艳，味甜多汁，核小，有香味，果皮完整者为佳品。

（13）西瓜又称水瓜、原瓜、寒瓜，有圆形和椭圆形两种形状，果皮有浓绿色，绿色或绿白，纤维少，浆液多，味甜，营养价值高。山东的喇叭瓜、开封的大花棱瓜、新疆西瓜、大光西瓜在我国较有名。西瓜主要鲜食，另外，西瓜可作雕刻原料。西瓜以果实光洁、不软、花纹亮，用手轻轻拍，瓜声砰砰响者为佳。

（14）猕猴桃也叫奇异果，果实为浆果，呈椭圆形，未成熟时表皮密被茸毛，成熟时无毛，果实为黄绿色，黄褐色，果肉为绿或黄绿色，我国主要有中华猕猴桃和软枣猕猴桃两种。猕猴桃除鲜食外，一般制成酒或罐头。猕猴桃以无毛、个大、肉质细、种子小、味甘甜者为佳。

（15）椰子。椰子果实呈圆形、椭圆形，壳硬有毛，肉厚，味美，主要有高椰和矮椰两大类。椰汁可以饮用，椰肉可以当水果鲜食、制菜。椰子以果实鲜，肉厚丰，壳不破裂，汁不干枯，香味较浓为佳品。

2. 常用禽蛋

（1）鸡蛋是蛋类中最主要的一种，呈椭圆形，表面颜色一般为浅白色或棕红色，鲜蛋表面有似白色的霜。

鸡蛋在烹调中应用很广，适合炒、煮、煎、炸等多种烹调方法，可整用，也可将蛋白、蛋黄分开使用。鸡蛋做主料可制作如炒鸡蛋、虎皮蛋等菜肴；也可制成蛋皮、蛋丝，蛋松等作为菜肴的辅料及面点中的馅心使用。鸡蛋还是菜肴制作中挂糊上浆的重要原料。上至高档宴席中的山珍海味，下至家常饭桌上的普通菜肴，都有鸡蛋的应用。

鸡蛋营养丰富、蛋白质，脂肪的含量较高，尤其是维生素 A 的含量高，且多存在蛋黄中。

（2）鸭蛋呈椭圆形，个体较鸡蛋大，一般重达 70~80 克，表面颜色呈白色或青灰色，腥气较重。鸭蛋在烹调中可代替鸡蛋，但一般常用来加工成松花蛋、咸鸭蛋等蛋制品。鸭蛋中蛋白质、脂肪、维生素 A、B 族维生素和钙、铁的含量较高。

（3）鹅蛋呈椭圆形，个体很大，一般每只重 80~100 克，表面较光滑，呈白色。蛋白质、脂肪、糖含量较高，维生素含量较少。

（4）鹌鹑蛋接近圆形，个体很小，一般重 5 克左右，表面有棕褐色斑点，味鲜细嫩。鹌鹑蛋一般多为整用，制作菜肴时常利用其小巧玲珑，色白浑圆的特点，在花色菜肴中配菜点缀使用。鹌鹑蛋含水量为 73% 左右，蛋白质、脂肪含量比鸡蛋高，营养价值较高。

（5）鸽蛋呈椭圆形，个体小，一般重 15 克左右，通常为白色，肉质细嫩，营养丰富，是烹调中珍贵的原料。烹调营养价值与鹌鹑蛋相似。

3. 常用乳

乳牛在一个泌乳期中所产的牛乳，其营养成分并不是完全一致的。根据泌乳期中不同泌乳阶段的产物，大致可分初乳、常乳和末乳。因此，乳牛受外界因素影响或体内生理上的变化，使牛乳发生变化，这种乳称异常乳。

（1）初乳。乳牛在产后 7 天内的乳称初乳。最初的初乳是深黄色的黏稠液体，在组成成分和性质上和常乳有很大的差别。3~4 天后的初乳在外观上接近常乳，6~8天后的初乳在外观和性质上和常乳完全一样。

（2）常乳。乳牛产后7天，乳中各种营养成分趋于稳定，即称常乳。常乳的营养价值高，是饮用乳和加工用乳的主要原料。

（3）末乳。也称老乳，是指乳牛在干奶期所产的乳，这时的乳分泌量低，成分不稳定。一般除脂肪外，其他营养成分皆较常乳高，但乳牛之间的差异也很大，因此对末乳应视具体情况决定能否饮用或加工。

（4）异常乳。从广义上讲，凡是不适合饮用和加工用的牛乳都是异常乳，除初乳和末乳外，还有乳房炎乳等牛乳，都是异常乳。

课题一 软 炒

技法工艺——软炒

1. 技法介绍

软炒是指将经加工成流体、泥状、颗粒的半成品原料，先与调味品、鸡蛋、淀粉等调成泥状或半流体，再用中小火热油迅速翻炒，使之凝结成菜，或用中小火低油制片过油，炒制成菜的烹调方法。

2. 烹制工艺

（1）原料加工。部分软炒的主料，如鸡肉和鱼虾等，要剔净筋，把肉捶砸成细泥状，或经熟软后，压制成细泥蓉。

（2）调制半成品。软炒的原料入锅前，预先组合调制，根据主料凝固性能，掌握好鸡蛋、淀粉、水分的比例，使成菜后达到半凝固或软固体的标准。

（3）软炒成菜。炒锅烧热，滑锅，下油烧至 60～150℃热时，放入调好的原料，过油或直接炒匀，并有节奏地来回推动，或顺一个方向炒转，使其凝固，再加辅料或油脂，炒至鲜嫩软滑成菜装盘。

3. 工艺流程

原料加工→组合调制→滑锅过油或直接推炒均匀→软炒成菜→装盘。

4. 友情提示

（1）甜香味软炒菜肴，一定要待原料酥香软烂后，再按菜肴要求，加白糖和油脂，待糖与油脂完全溶化后，及时出锅成菜，才会有甜香，油润的效果。

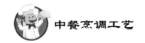

（2）咸鲜味软炒菜肴，口味宜清淡，鲜嫩，要控制好油脂的用量。

（3）软炒菜肴的色泽和口味要求严格，油脂和淀粉，应用白色无异味的。

实践案例——大良炒鲜奶

大良炒鲜奶又名四宝炒牛奶，是广东名菜，该菜源于广东顺德大良镇，故得名。抗日战争胜利后颇为流行，并传入我国港、澳及华南各地，均获好评。大良炒鲜奶是软炒技法中的一款典型菜例，白雪虾仁和大良炒鲜奶的炒法一样，只是配料不同。

大良炒鲜奶

1. 原料分析

牛奶又称牛乳，是母牛乳腺上分泌出来的乳汁，除了不含纤维素外，几乎包含了人体所需要的各种营养，因而是世界通行的营养保健品之一。近几年，亚洲各国也开始注重对牛奶的普及和摄入，特别是日本政府制订了牛奶计划，保证每天每人不少于一杯牛奶。有人预言，如果我国能像欧洲和美洲那样饮用牛奶，中国人的均寿命可增加 5~10 岁。

据研究证明，牛奶的妙处综合起来有 8 点：一是抑制冠心病；二是防止癌症；三是预防中风；四是减缓骨质疏松；五是抗感冒；六是降低气管炎发病率；七是预防龋齿；八是安眠作用。

牛奶过敏者，乳糖不耐受症者，肠道易激综合征者等人群不宜饮用牛奶。此外，在早晨空腹时不宜饮牛奶。

牛奶不能用保温瓶保存，更不能在常温下久贮，否则易被细菌破坏变质。在 0℃时生牛奶可保持 48 小时不变质，在 30℃时仅能保持 3 小时。

2.原料加工分析

（1）先用少量牛奶把栗粉、盐、味精化开，再加热牛奶，拌匀，最后加蛋清搅匀。

（2）鸡肝切成粒，熟火腿剁成末，虾仁腌后上浆。

3.烹调分析

（1）原料配方。

主料：鲜牛奶（浓度在30%以上）400克。

配料：腌虾仁50克，蟹肉50克，鸡肝100克，炸橄榄仁80克，火腿蓉10克，蛋清200克。

调料：栗粉30克，精盐5克，味精3克，猪油500克。

（2）工艺流程。

① 炸橄榄仁。橄榄仁用清水泡，再用盐水烫，然后用四成油温炸至金黄色，捞出。

② 鸡肝切粒后，放入沸水至刚熟，捞出沥水；然后炒锅至中火上，下油烧到120℃，放入虾仁、鸡肝至刚熟捞出沥油。

③ 用少量的热牛奶把栗粉、盐、味精化开，然后把剩余的牛奶加入，接着加入蛋清搅匀，最后把熟虾仁、鸡肝、蟹肉放入，搅拌均匀。

④ 炒锅至中火上，热锅滑油后，留底油少许，倒入拌好的原料，翻炒均匀至熟后，加入橄榄仁，装盘，最后撒上火腿蓉即可。

（3）诀窍与难点。结合本案例，体会制作软炒类菜肴的诀窍与难点，以下内容仅供参考，欢迎补充。

① 软炒类的配料，一般需要事先加工成熟并制成碎末或泥蓉。

② 软炒类菜肴，流体的配比要考虑季节、气候、地域的差异。

③ 软炒类菜肴，炒至时间不宜过久，以防止炒老。

4.做一做

学生分组协作完成制作大良炒鲜奶的计划书，然后到原料室领取原料或者到市场购买原料，到操作室完成此菜肴的制作，最后根据操作过程，完成制作大良炒鲜奶的实验报告。

5.社会实践

（1）收集本地区饭馆鲜奶菜的运用情况。

（2）制作"炒芙蓉片"，要求亲自采购、制作、总结，请家长点评。

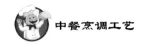

小常识

　　覆盖法适用于炒、爆、烧等方法制作的菜肴，和用这些方法烹制的需要盖面的菜肴。盛装前先翻锅几次，使锅内菜肴堆聚在一起，当最后一次颠翻时，用手勺将一部分菜肴接入勺中装盘，再将锅中余菜全部盛入勺内，覆盖在前面的菜肴上。

　　1. 覆盖的目的是使菜肴显丰满，因此垫底的菜数量要足够。

　　2. 双菜覆盖时，上面的菜量要多些，汁芡要大些。

　　3. 覆面的菜肴要突出主题，均匀一致。

　　做清蒸鸡时，先将鸡放在30%左右浓度的啤酒中腌浸10~20分钟，然后上锅蒸制，蒸制后的鸡味道纯正，格外滑嫩可口。

课题二 松 炸

学习目标

1. 基本掌握松炸的操作要领。
2. 了解蛋的品种和特性。
3. 掌握蛋泡糊调制技法。

 技法工艺——松炸

1. 技法介绍

松炸，是指将新鲜水果泥状原料或质嫩形小的原料，经挂或拌蛋泡糊，入低油温中，缓慢炸至成熟的烹调方法。成品具有松嫩软滑、色泽鹅黄的特点。

2. 工艺要求

（1）原料加工。新鲜水果，根据需要，有切成片，有切成块，有切成段的或剁成粒蓉泥。

（2）打蛋泡糊。把鸡蛋清搅打成雪白的泡沫状，加淀粉搅匀。

（3）过油加热成型。把加工过的原料，挂上蛋泡糊，入 60～100℃ 的白油锅中，炸制成型。

（4）炸熟装盘。原料成型后，继续翻动原料，使之受热均匀，达到色泽一致，完全成熟后，捞出装盘。

3. 工艺流程

原料选择→刀工处理→打蛋泡糊→原料调味→锅烧热加油→油烧至二至三成热→挂糊入锅→翻动原料成型→炸透呈鹅黄色捞出→装盘撒上绵白糖或玫瑰花干成菜

4. 友情提示

（1）调制蛋泡糊，必须把蛋清全部打起，不可有底液，蛋清打起后，要加生粉，一般50克鸡蛋，放5克淀粉搅匀。

（2）挂糊时，要求颗粒大小均匀，糊包住原料，形状美观。

（3）过油油温要低，多翻动，使之受热均匀，色泽一致。

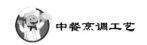 **实践案例——炸羊尾**

传统做法是将煮熟的羊尾油划成三角块，裹上高丽糊，过油炸，装盘后可甜、咸两吃，又称炸茯苓。后经过改进，把渗有羊尾油片的澄沙馅裹上高丽糊，油炸后，撒上白糖，称为炸羊尾，澄沙馅中不放羊尾油的，叫高丽澄沙，由于一般人不习惯羊尾油的味，就将高丽澄沙改为炸羊尾，延续至今。

炸羊尾

1. 原料分析

鸡蛋，又叫鸡子，鸡卵，是人们公认的补品，营养价值很高。鸡蛋一般有红壳蛋和白壳蛋两种，二者营养价值和性质基本相同。鸡蛋蛋白也叫蛋清，和蛋黄的营养成分有所区别，蛋清性微寒而气清，主要成分为卵白蛋白和卵球蛋白，能益血精补气，清热解毒和制烫伤等。

老年高血压，高血脂和冠心病患者，有高热、腹泻、胆囊炎和胆结石的应忌食鸡蛋，或以少食为好，同时不提倡吃生鸡蛋、老鸡蛋和炸鸡蛋。变质发臭的鸡蛋不能食用；鸡蛋不宜和甲鱼同食。

烹饪小窍门：芥末存放得太久辣味就会变淡，在芥末里滴二三滴柠檬汁，辣味就会增加。芥末酱有时其表面会变得干硬，如果用柠檬片盖着，芥末就能保持新鲜，不会变硬。

2. 原料加工分析

（1）豆沙馅揉成10个圆球，放在面粉里滚匀。
（2）鸡蛋清，用打蛋器朝一个方向抽打成泡沫状，把淀粉放入搅匀成蛋泡糊。

3. 烹调分析

（1）原料配方。
主料：鸡蛋清200克，豆沙馅250克。
调料：白糖100克，淀粉100克，色拉油2500克（耗100克），面粉适量。
（2）工艺流程。
第一步：炒锅上火放植物油烧至五成熟时，将锅端离火口。
第二步：用手或筷子夹住豆沙馅球，在糊中转裹均匀，放入油内。
第三步：锅上火，用勺轻轻翻动馅球，炸至浅黄捞出。
第四步：入盘，撒白糖，上桌。

（3）诀窍与难点。结合本案例，体会制作软炸类菜肴的诀窍与难点，并补充，以下内容仅供参考。

① 蛋清抽打要先慢后快才能打起，在打蛋清的过程加淀粉要及时，准确。

② 原料挂糊时，要大小一致，过油炸时，要中低油温炸制，使每个原料受热均匀。

4．做一做

学生分组协作完成制作炸羊尾的计划书，然后到原料室领取原料或者到市场购买原料，到操作室完成此菜肴的制作，最后根据操作过程，完成制作炸羊尾的实验报告。

5．社会实践

（1）收集蛋类的品种、特点。

（2）调查本地区饭馆对松炸的运用情况。

（3）制作松炸虾球，要求亲自采购、制作、总结，家长点评。

小常识

蛋　　糊

蛋清糊：用鸡蛋清和淀粉调制而成，用中温油时加热有软嫩的质感。

蛋泡糊：由蛋清泡和淀粉调制而成，部分地区称高丽糊。此糊适合于中温和低温油，具有洁白松软的质感。抽打蛋泡时，用打蛋器朝一个方向抽打成泡沫状，开始气泡很大很少，到气泡特别多，特别小时，筷子插其中便可立住，此时即可加淀粉和制成糊。

全蛋糊：由蛋清、蛋黄和淀粉调制而成，用中温油和高温油烹制，具有色泽金黄和酥脆的质感特点。

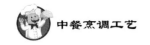

课题三　蜜　汁

1. 掌握两种蜜汁技法的运用。
2. 掌握蜜汁的熬制技法及时间把握。
3. 了解香蕉的品种、特点、用途。

技法工艺——蜜汁

1. 技法介绍

蜜汁是指白糖、蜂蜜和清水熬化收浓，放入加工处理的原料，经熬制或蒸制，使甜味渗透。

2. 烹制工艺

（1）选料加工。应选新鲜成熟，滋味鲜美，富有质感的原料。

（2）蜜汁调制装盘。白糖、蜂蜜和清水放锅中，用中火熬化收浓，放入原料，移小火焖，至原料酥糯入味时，取出摆入盘中，锅中余汁收浓，淋于原料上成菜。

3. 工艺流程

原料选择→加工去皮去核→蜜制装盘→熬糖液收汁至浓稠→淋入收浓的糖液→成菜。

4. 友情提示

（1）熬制要掌握好时间，控制好火力，防止熬焦。

（2）要注意蜜汁菜肴的甜度，以能表现出原料本身的滋味和食者对甜味不腻口为佳。

实践案例——蜜汁香蕉

蜜汁香蕉与蜜汁红芋基本相同。蜜汁红芋是安徽淮北地区的传统甜菜。它以极普通的原料，经过精细制作，使菜品身价百倍。成菜色泽橘红，芋果晶莹剔透，入口酥烂香甜，百食不厌，是筵席中色、香、味、形俱佳的甜馔。

1. 原料分析

香蕉性寒、味甘，具有清热、通便、解酒、降血压、抗癌等功效。

香蕉为常绿草本植物，全年产果，以8—10月间所产品质最好，分为生食和熟食两种。香蕉含淀粉、蛋白质、脂肪、果胶、胡萝卜素、维生素及矿物质等，常吃能促进人体新陈代谢，同时还具有止渴生津、润肺镇咳、降血压、消肿毒等治疗作用。

蜜汁香蕉

香蕉适宜发热之人、口干烦渴、咽干喉痛者食用；适宜大便干燥难解、痔疮、肛裂、大便带血之人食用；适宜高血压患者食用；适宜癌症病人及其放疗、化疗后食用；适宜上消化道溃疡之人食用；适宜肺结核之人顽固性干咳者食用；适宜饮酒过量而解醒酒食用。凡患有慢性肠炎，虚寒腹泻，经常大便溏薄之人忌食，香蕉中含糖量较高，故糖尿病之人忌食。

2. 原料加工分析

将香蕉剥去外皮，切成大小均匀菱形块。

3. 烹调分析

（1）原料配方。

主料：香蕉500克。

调料：蜂蜜10克，白糖70克。

（2）工艺流程。

第一步：炒锅加水100克置中火上投入白糖熬化，加入香蕉块、蜂蜜。

第二步：烧开，撇去浮味，移小火上焖15分钟。

第三步：汤汁黏稠时，将香蕉起出装盘，成型。

第四步：将糖液收浓淋在上面。

（3）诀窍与难点。结合本案例，体会制作蜜汁类菜肴的诀窍与难点。

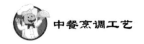

① 蜜汁在熬制时，注意掌握火候和时间，以防熬过。

② 有些原料为了防止成菜时变得过软，不易变形，可将原料蒸至八分熟后，放入常温的蜜汁中浸泡成菜。

4. 做一做

学生分组协作完成制作蜜汁香蕉的计划书，然后到原料室领取原料或者到市场购买原料，到操作室完成此菜肴的制作，最后根据操作过程，完成制作蜜汁香蕉的实验报告。

5. 社会实践（制作蜜汁红薯）

（1）活动目的。

① 进一步掌握"蜜汁"技法。

② 培养学生自学能力、动手能力。

（2）活动建议。

① 进市场亲自采购原料。

② 请求父母、亲朋好友共同帮助。

③ 查阅相关资料。

（3）成果汇报。

① 总结菜肴的成功之处与失败原因。

② 记录操作全过程（有条件可拍摄照片）。

③ 计算出菜肴的成本。

④ 写一篇制作感想。

课题四　挂　霜

学习目标

1. 掌握两种挂霜技法的运用。
2. 了解苹果的品种、特点、用途。
3. 掌握挂霜熬糖技巧及投料时机。

技法工艺——挂霜

1. 技法介绍

挂霜是指经过初步熟处理的半成品，粘裹上一层主要由白糖熬制成糖液冷却成白霜或上一层糖粉成菜的烹调方法。

2. 烹制工艺

（1）选料加工。选用新鲜、无虫咬、不变质的原料。

（2）初步熟处理。一般要通过过油或用烘箱烤熟，也有的在过油前还要经过焯水，有的要蒸软制成型后再用油炸。

（3）挂霜撒糖。挂霜时，炒锅洗干净，置小火上，加适量清水，放白糖，慢慢加热，熔化烧沸熬制，当糖液熬制浓稠起泡，糖液中小泡套大泡同时向上冒，蒸汽变少时，倒入原料，同时离开火口，将锅颠簸，使糖液冷却凝结分散，并互相摩擦成霜状，再将成熟的原料放入，直接撒糖粉。

3. 工艺流程

原料选择→加工处理→初步熟处理→挂霜→撒糖→成菜。

4. 友情提示

（1）初步熟处理，要防止炒焦，要保持原料有较好的色泽。

（2）挂霜颠簸时，如有结块不散现象，不宜打散，最好用手分散。

（3）挂霜菜肴宜凉食，撒糖菜肴宜热食，另外，要注意撒糖菜肴的形、色和

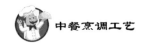

撒糖的方法，要讲究艺术效果。

 # 实践案例——挂霜苹果

挂霜开始在食品行业中被广泛利用，后引入饭店、宾馆作冷菜之用，品种也开始被大量扩展，技法要求更高，是考核厨师等级水平的一个标准，同时在熬糖时加入咖啡、可可、辣酱等。此类菜肴更具丰富，也可在热菜、点缀装饰中运用，因形似雪霜而得名。

1. 原料分析

苹果在我国栽培面积和产量居果品的首位，同时也是世界性的重要果品。苹果在我国分布很广，主要产地是辽宁、山东、山西、河北、陕西、甘肃、新疆、四川等地。

目前我国有 30 多个品种，按成熟期不同分为早熟种，一般在 6 月下旬至 7 月下旬成熟，生长期短、肉质松、不耐贮藏，主要品种有黄魁、红魁、早会冠等，中熟种在 8—9 月成熟，较耐贮藏，主要品种有会冠、祝光、红香蕉、红玉、红墨、迎秋等。晚熟种在 10—11 月上旬成熟上市，肉质佳，而且耐贮存，主要品种有国光、青香蕉、红富士等。

挂霜苹果

苹果性平、味甘，具有润肺、健胃、生津、止渴、止泻、消食、顺气、醒酒等作用。

慢性胃炎、消化不良、气滞、慢性腹泻、神经性结肠炎、便秘等人群食苹果有帮助治疗的作用；高血压患者食苹果对病人有益。胃寒病者忌食生冷苹果，患有糖尿病者忌食。

2. 原料加工分析

（1）将苹果削去外皮，切成 1.5 厘米的小方块，或挖成若干个小圆球，拌上淀粉。

（2）调脆糊：面粉加淀粉（比例 8∶2）加水和发粉调制成脆糊。

3. 烹调分析

（1）原料配方。

主料：苹果2只（400克）。

调料：白糖150克，干淀粉50克，面粉100克，色拉油2000克，发粉5克。

（2）工艺流程。

第一步：炒锅上火倒入色拉油，烧至六成熟。

第二步：苹果挂上脆糊，下锅炸至结壳捞出，复炸。

第三步：炒锅加水，白糖用中小火熬制糖液浓稠起小泡时离火。

第四步：倒入苹果炒匀，用筷子轻轻将其分散，冷却。

第五步：当苹果球发白见霜时，转动炒锅，使糖粉变细，出锅装盘。

（3）诀窍与难点。结合本案例，体会制作挂霜类菜肴的诀窍与难点。

① 挂霜菜肴初步刀工处理时，成型宜小不宜大，以1.5厘米见方为佳。

② 炒制糖粉时，不可大火，宜小火慢熬且不宜用手勺搅动，熬制起泡后迅速倒入起泡后迅速倒入原料翻炒。

③ 翻炒后，应及时将原料冷却，通风（有此菜肴，离火后要翻炒至原料挂霜均匀）。

4. 做一做

学生分组协作完成制作挂霜苹果的计划书，然后到原料室领取原料或者到市场购买原料，到操作室完成此菜肴的制作，最后根据操作过程，完成制作挂霜苹果的实验报告。

5. 社会实践

下宾馆、饭店考察了解挂霜菜肴的运用。考察应在教师指导下，制订好考察计划，作充分准备后，由学生分组进行（主动察看、主动提问）的考察活动。

（1）考察前准备。

① 了解本地区宾馆、饭店规模、特点、经营等情况。

② 明确考察目的。

③ 教师安排好学生分组（选出组长一名、记录员一名）。

④ 全班集中，各组交流提出的准备考察的问题。

⑤ 提示学生进行考察活动的注意事项。

（2）实地考察。

① 请宾馆、饭店的领导或厨师长、厨师介绍情况。

② 学生实地进行现场考察。

③ 向有关人员提出问题（态度诚恳、语言简练）。

④ 集体摄影留念，向有关人员告别。

（3）考察汇总。

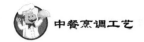

① 分组进行考察汇总（材料、照片等资料）。

② 各组派代表进行成果展示。

③ 教师把所有成果整编成册、保存。

> 烹调小窍门
>
> 　　做豆腐箱子或豆腐盒子时，可用细铁丝弯成"U"形（比豆腐块略窄），垂直插入豆腐块中顺长移动到边缘时提出，中间的一块豆腐就挖出来了，而且很快。
>
> 　　烹调小常识：浇入法适用于氽和烩烹制的菜肴。在装盘时汤锅倾斜，将汤汁和原料直接冲入汤碗或汤盘。炖菜、蒸菜等在装盘时如果需要添汤，往往也采用浇的方法。
>
> 　　浇入法装盘应注意如下问题：
>
> 　　① 汤或羹装碗时量以距碗口 1 厘米为宜，也就是盛具容积的 90% 左右。超出则汤汁容易溢出盛具，上桌时手指也容易接触汤汁影响卫生，但也不可太浅，否则会失去丰满实惠的感觉。
>
> 　　② 当主料或配料需要浮在上汤面时，应将汤浇入后，再轻轻将主料或配料放于汤面上。
>
> 　　③ 原料在碗中需要造型时，为防止冲乱造型，应将汤汁沿碗壁缓缓浇入，造型的原料如果过于细小，则应用手勺将已成型的原料罩住，再将汤汁从手勺上面浇下。
>
> 　　④ 如淋明油应在汤浇入碗中之后再点，使油珠在汤面起点缀作用。

课题五 拔 丝

1. 掌握拔丝类菜肴半成品的制作过程及关键。
2. 了解菠萝的品种、特点。
3. 掌握拔丝菜熬糖时机。

技法工艺——拔丝

1. 技法介绍

拔丝是经油炸的半成品，放入白糖熬制起丝的糖液中，粘裹挂糖成菜，用筷子夹起，能拔出丝的烹调方法。

2. 烹制工艺

（1）选料加工。拔丝菜肴，采用新鲜水果较多，要求新鲜成熟，加工时，应去皮，去核，防止色泽变化，原料以块、条、球和自然形态为主。

（2）挂糊炸制。拔丝菜肴大部分都需挂糊。所挂的糊，根据菜肴的品种，有蛋清糊、全蛋糊、脆皮糊等多种。之前，有的原料要经过蒸制软按压成蓉后，揉捏成一定形状，再挂糊炸制。炸制后应根据糊的性能，制品的要求，分别炸呈酥松、酥脆、松脆等质感。

（3）熬糖拔丝。熬糖前，把锅洗净，加糖、清水和适量的油脂（有时只有清水加糖拔）逐渐使糖受热溶化，糖液沸后，熬制至糖液变稠起泡，又变成米黄色的糖液时，放入刚炸好的原料（将油分沥干），翻动均匀，脱离火口，使原料均匀地粘上糖液后，装入涂过油的盘内，迅速带凉开水一碗，同时上桌。

3. 工艺流程

原料选择→加工去皮去核→刀工处理→挂糊、拍粉→过油炸制→熬糖粘糖液→装入涂油盘内成菜。

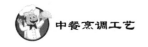

4. 友情提示

（1）拔丝原料，要保持一定的温度，原料温度过低，会影响拔丝效果。

（2）成菜后，要及时上桌，切不可事先将丝拉出后再上桌。否则，菜肴温度下降，糖发硬，不易拉出丝，同时也影响就餐者的气氛。

 实践案例——拔丝菠萝

拔丝菠萝、拔丝莲子等是一大类拔丝菜肴。北京厨师在制作拔丝菜时，以独特的调制技法和菜肴的色香味深，受食客的赞美。有人在品尝拔丝莲子后写道："金黄明亮丝缕缕，千丝万缕甜如意，藕断丝连心，连心菜情丝贵如金"，此菜也是经营正宗北京菜的老字号柳泉居饭店的名菜之一。

拔丝菜技法独特，严格掌握火候，使雪白的糖在瞬间变成缕缕金丝，可谓变化神奇。

1. 原料分析

菠萝又名凤梨，凤梨科凤梨，原产巴西，16世纪末传入我国，现主要产于我国广东、广西、福建和台湾等地，是我国南方热带地区的主要果品之一，和香蕉、荔枝、柑橘同称为华南四大名果。菠萝树干高达20多米，外形似橡树，叶小而果实大，最大的达40千克。菠萝树结果奇特，一般五六年树龄果实生在树干上，晚年树果实却生长到泥土中的主根上，并像春笋一样破土而出。

拔丝菠萝

菠萝性平、味甜微涩，肉含糖类、脂肪、蛋白质、维生素C和有机酸，有消暑解渴止泻作用，适宜伤暑、身热烦渴者食用；适宜肾炎、高血压、支气管炎，消化不良者食用；适宜炎热夏季食用。患有糖尿病者和对菠萝过敏者忌食。

2. 原料加工分析

（1）将菠萝削去外皮，挖去刺丁，切成滚料块，拍面粉（10克）。

（2）调制全鸡糊。面粉、淀粉（3∶2）加全蛋及水，搅成全蛋糊。

3. 烹调分析

（1）原料配方。

主料：菠萝 500 克。

调料：白糖 150 克，面粉 60 克，鸡蛋 2 只，淀粉 25 克，糖桂花 5 克，芝麻油 10 克，色拉油 2000 克（约耗 50 克）。

（2）工艺流程。

第一步：炒锅置旺火上下入色拉油，烧至六成热，菠萝拍面粉。

第二步：菠萝逐块挂上全蛋糊后，入锅炸至结壳，捞出沥油。

第三步：另取一只炒锅，加入色拉油 10 克，加入白糖，用手勺不断推炒至白糖溶化并见糖汁黏稠起丝时，炸蛋壳菠萝。

第四步：颠翻几下，使糖汁包住菠萝，迅速离火，撒上熟芝麻。

第五步：装在盘底抹过芝麻油的盘子上，再撒糖桂花，带凉开水一碗上桌，即成。

（3）诀窍与难点。结合本案例，体会制作拔丝类菜肴的诀窍与难点。

① 主料应选择可生食的原料，不能生食的，拍粉前应加工成熟。

② 原料挂糊易均匀，糊中面粉与淀粉配比应恰当。

③ 熬制糖汁时，应中小火，糖汁起丝时，应迅速下原料，迅速颠翻，离火。

4. 做一做

学生分组完成制作拔丝菠萝的计划书，然后到原料室领取原料或者到市场购买原料，完成此菜肴的制作，最后根据制作过程，完成制作拔丝菠萝的实验报告。

5. 社会实践（制作拔丝香蕉）

（1）活动目的。

① 培养学生社会能力、实践操作能力。

② 进一步掌握"拔丝"技法。

（2）活动建议。

① 亲自采购，选择原料。

② 父母帮助、指导。

③ 查阅相关资料。

④ 请教宾馆、饭店厨师。

（3）成果汇报。

① 记录操作全过程（有条件可拍成照片）。

② 计算菜肴成本。

③ 总结成败原因和成功之处。

第六学习单元

——虾蟹鱼烹调技法

食材——水产品

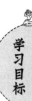

学习目标

1. 了解水产品的种类、特性、用途。
2. 掌握脆炸、油酱、炸熘、锅塌的烹调技法。
3. 熟练掌握刀工、刀法及成型方法。

1. 虾、蟹鱼等海产品的种类

（1）虾类品种。烹调中常用虾的品种、产地、产季、品质特点、烹调应用如下表6-1所示。

表6-1 常用烹调虾

品名	产地	产季	品质特点	烹调应用
对虾	山东、河北、辽宁	春汛 3—5月；秋汛 10—11月	体大肥嫩，肉质鲜美	白灼、盐水、爆、烧、炸、熘、烹
鹰爪虾	南北海区都产	四季均产	壳厚，肉质坚密，属中型虾	炒、炸，也可制成虾米
龙虾	东海和南海，温暖的海洋	四季均产	体大肉多，滋味鲜美	炒、炸、烹、煮、炸熘、上汤
青虾	河北白洋淀、山东微山湖、江苏太湖	每年 4—9月	肉质鲜嫩、味美	盐水、油爆、炝、滑炒、干制
白虾	沿海各地均产，以黄海、渤海最多	每年 3—5月	肉质细嫩，滋味鲜美	炒、炸、爆、盐水、加工虾子
虾蛄	沿海均产，以黄海、渤海最多	四季均产，以春季为佳	肉质鲜甜、嫩滑	白灼、椒盐、盐水
基围虾	广东一带的海滩、塘堰	四季均产，以冬季为佳	肥而鲜美，肉质细嫩	白灼、盐水、椒盐、石烹、滑炒等

（2）蟹类品种。烹调中常用蟹的品名、产地、产季、品质特点、烹调应用如下表6-2所示。

表6-2　烹调中常用的蟹

品名	产地	产季	品质特点	烹调应用
河蟹	全国各地均产，其中以江苏、阳澄湖为著名产地	每年9—11月	肉细嫩，味鲜美、黄多、膏厚	清蒸、油酱、炒蟹粉
三疣梭子蟹	我国南北沿海，以黄海北部产量最高	黄海4—7月，福建沿海3—11月	肉质鲜美，江膏，别有风味	清蒸、葱油、炒、焗
青蟹	浙江以南海中，可以人工养殖	每年4—11月	肉多味美	葱姜、焗、清蒸、锅仔、煲、炸
江蟹	福建、广东、山东、河北等地	每年6—8月是捕获季节	壳薄肉多，滋味鲜美	炒、炸、焗、蒸、上汤、熏肉等

（3）软体、贝类。烹调中常用软体动物、贝类的品名、产地、产季、品质特点、烹调应用如下表6-3所示。

表6-3　烹调中常用的软体动物、贝类

品名	产地	产季	品质特点	烹调应用
海螺	沿海均产，山东、河北、辽宁较多	每年9月至翌年5月	肉质脆嫩，味鲜美	爆、炒、红烧、焗
牡蛎	黄海、渤海至南沙群岛均产	每年9月至翌年3月	色洁白，味鲜美，肉质细嫩	炸、炒、白灼、氽汤
贻贝	黄海、渤海、大连沿海可养殖	每年1—4月	鲜嫩味美，清鲜可口	爆、炸、炒、拌、氽汤、烩等
蚶子	我国南北沿海均产	春秋季节	肉质肥嫩，鲜美，血红素较高	氽汤、凉拌、烫食
蛏子	我国南北沿海均产	夏季盛产	肉质细嫩，味鲜美	氽汤、蒸、炒、烩、拌、爆等
文蛤	山东、江苏、广东、广西、长江口以北沿岸	夏季质量较好	蛤中上品，肉肥大，味美	爆、炒、氽汤、葱油、锅仔
扇贝	我国北方沿海均产，可养殖	每年7月下旬捕捞季节	细嫩洁白，味鲜爽	爆、炒、炸、扒、氽、葱油、滑炒
日月贝	多产于南海、尤为北部湾最多	每年春秋两季为捕捞季节	肉质鲜美，味鲜美	葱油、炒、扒、氽、蒸
江珧	我国沿海均产，福建沿海较多，可人工养殖	每年1—3月为捕捞季节	肉质鲜美，体大肉多	蒸、葱油、滑炒、爆炒
鲍鱼	南北方沿海，南海诸岛，可人工养殖	每年7—8月，盛产品质佳	肉足软嫩而肥厚，鲜美脆嫩	爆、炒、拌、扒、原汁
乌贼	我国沿海均产，以舟山群岛产量最多	广东2—3月，福建浙江5—6月，山东黄海6—7月，山东渤海10—11月	肉色洁白，脯肉柔软，鲜嫩味美	爆、炒、氽汤、拌、烩、烤
鱿鱼	我国南北沿海均有分布	每年4—5月和8—9月	肉色微黄，肉质柔软，鲜嫩味美	爆、炒、拌、烩、烤、滑炒
章鱼	主要产于渤海、黄海	每年3—6月为捕捞旺季	肉色较白，肉软味美	白灼、爆、炒、烤、烩

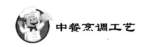

（4）鱼类品种。烹调中常用鱼类的品名、产地、产季、品质特点、烹调应用如下表6-4所示。

表6-4　烹调中常用的鱼类

品名	产地	产季	品质特点	烹调应用
大黄鱼	黄海南部，东海和南海以浙江舟山群岛产量最多	广东10月，浙江5月，福建12—3月	肉呈蒜瓣状、细嫩、味鲜美	清蒸、干炸、炸熘、红烧、锅、汆汤
小黄鱼	我国黄海、渤海、东海	每年4—6月、9—10月	肉质鲜美，刺少肉多，肉易离刺	干炸、干蒸、红烧、清蒸、熬汤
鱼兔鱼	我国沿海均有出产	每年4—6月，春季最肥美	肉厚、坚实细嫩、味鲜美	熘、暴腌、制鱼丸、青蒸、红烧
带鱼	东海、浙江、山东产量较高，其他沿海均有盛产	每年9月至翌年3月为旺季	肉质细嫩而肥软，味鲜美	炸、蒸、煎、熘、烧、烹等
鲥鱼	渤海秦皇岛产量最多，其他沿海均有丰产	渔汛期一般在3—7月	肉质细嫩，味鲜美	清蒸、红烧、腌制咸鱼
比目鱼（牙鲆）	黄海、渤海产量大，南海、东海产量较小	每年5—6月、10—12月	肉质细腻，白嫩口感鲜爽丰腴	清蒸、炒、爆、炸、炸熘
比目鱼（鳎）	分布于热带、亚热带，我国沿海均有	每年8—11月	肉质坚定，细嫩而肥美	清蒸、葱油、红烧
鲳鱼	东海、南海生产较多，以海口、秦皇岛产为最好	4—5月品质最佳；9—10月也有生产，但产量较少	肉多，内脏较少。细嫩洁白，味鲜美	干烧、清蒸、焖、煎、烤
鲅鱼	我国沿海均有生产	渤海、黄海4—5月，东海在7—8月	肉厚坚实，细嫩肉多刺少，无小刺	红烧、干炸、汆、炸熘，可咸制
鲐鱼	黄海、东海、南海沿岸	山东沿海5—6月；浙江沿海3—5月	肉多刺少，肉较粗糙，质地柔软，呈蒜瓣状	红烧、炖、可咸制
加吉鱼	我国沿海均有生产，以秦皇岛品质最好	立夏至初伏为丰产季节	肉质白嫩，细腻且紧密，味极美少腥味	清蒸、清炖、红烧、干烧、煨汤
鲈鱼	我国沿海均有生产，可人工养殖	每年3—8月，立秋为旺季，肉质肥美	肉多刺少，肉质白嫩，味鲜美	清蒸、红烧、炸炒、滑炒
海鳗	我国沿海均有，浙江沿海和黄海南部沿岸产量较多	在每年冬至前后	肉多刺少，肉质细嫩，洁白，味鲜美	焖、炖、蒸、滑炒、制蓉、油浸、干制
石斑鱼	东海和南海，特别是北部海湾小广东沿海	每年4—7月	肉质较嫩，味鲜美，是上等食用鱼类	清蒸、红烧、滑炒、制蓉、葱油

（续表）

品名	产地	产季	品质特点	烹调应用
鲱鱼	山东半岛及黄海沿岸，山东荣城和威海一带	每年 12 月至翌年 3—4 月	肉质细嫩、肥美刺较多	清蒸、清炖、红烧、炸、煎
马面鲀	东海、黄海、渤海	东海 2—3 月，黄海 4—6 月	出肉率低，肉质口味较差	炸、红烧、酱汁
沙丁鱼	广东、福建沿海产金色小沙丁鱼、北部沿海产寿南沙丁鱼	四季均产	个体较小，肉味鲜美	炸、汆汤、作罐头食品
老板鱼（孔鳐）	我国沿海均产，大连所产质量较佳	四季均产，冬季尤佳	肉质坚实，味美	清炖、焖、烧、炸、凉拌
金枪鱼（青干）	我国南海、东海	春夏为捕捞期	肉赤红、细嫩、味鲜美，肉多刺少	炸、熘、烧、焖、也可作蓉

2. 虾、蟹鱼的品质鉴别

（1）虾的品质鉴别。

① 新鲜的虾。新鲜虾、头尾完整，爪须齐全，有一定的弯曲度，壳硬度较高，虾身较挺，虾皮色泽发亮，呈青绿色或青白色，肉质坚实细嫩。

② 不新鲜的虾。不新鲜的虾头尾容易脱落或离开，不能保持原有的弯曲度，虾皮壳发暗，色度为红色或灰红色，肉质松软。

（2）蟹的品质鉴别。河蟹以死活作为标准，市场只能出售活蟹，死蟹不能出售，以免引起食物中毒。

梭子蟹为海蟹，只有刚捕捞出水时为活的，离海水后很快就会死亡。

新鲜蟹：不论河蟹还是海蟹，身体完整，腿肉坚实，肥壮有力，用手捏有硬感，脐部饱满，分量较重；外壳青色泛亮，腹部发白，团脐有蟹黄，肉质新鲜。好的河蟹动作灵活，翻过来很快翻转，能不断吐沫并有响声；海蟹腿关节有弹性。

不新鲜的蟹：蟹腿肉空，分量较轻，壳背呈青灰色，肉质松软；河蟹行动迟缓不活泼；海蟹腿关节僵硬。

（3）污染鱼类的鉴别。有些水域受到大量化学物质的污染，生活在这种水域中的鱼把富含有毒化学物质的食物摄入体内，通过"食物链"的富集作用，使得各种鱼、特别是肉食性鱼类的体内大量聚集有毒物质。据测定，其体内毒物的浓度可比水中毒物浓度高几万倍，甚至几千万倍。这些富集有毒物质的鱼虾，一旦被人食用就会严重地威胁人们的身体健康。尽量避免误食污染鱼类，可以从四个方面鉴别鱼类品质。

① 看鱼形。凡是受污染较严重的鱼其体形一般有变化，如外形不整齐，脊柱

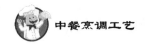

弯曲，与同类鱼比较其头大尾小，鱼鳞部分脱落，皮发黄，尾部发青，肌肉有紫色的瘀点。

② 辨鱼鳃。鳃是鱼的呼吸器官，主要部分是鳃丝，上面密布细微的血管，正常鱼应是鲜红色，被污染的鱼，其水中毒物可聚集鳃中，使鱼鳃大多变成暗红色，不光滑，比较粗糙。

③ 观鱼眼。有些受污染的鱼其体形和鱼鳃都比较正常，但眼睛出现异常，如鱼眼混浊，失去正常的光泽，甚至向外鼓出。

④ 尝鱼味。污染严重的鱼经煮熟后，食用时一般都有一种怪味，特别是煤油味。这种怪味是由于生活在污染水域中的鱼，鱼鳃及体表沾有较多的污染物，煮熟后吃到嘴里便有一股煤油味或其他不正常的味，无论如何清洗及用其他方法处理，这种不正常的味道始终不会去掉，所以不能食用。

3. 水产品原样的保管

海鲜产品活养一般要求较高，应配备专用的一整套设备，保持一定的温度、水环境和氧气。

课题一   脆   炸

学习目标

1. 掌握脆炸技法的运用。
2. 了解虾的品种、特点、用途。
3. 掌握脆浆调制的原理及实际操作。

技法工艺——脆炸

1. 技法介绍

脆炸是将刀工处理后的原料用调味品调味腌渍，挂上脆皮糊入中油温炸定型，再复炸成型的一种烹调方法，成品形态饱满、外脆里嫩、色泽浅黄。

2. 工艺要求

（1）刀工成型的脆炸原料一般加工成条、段、片、圆、蓉等。

（2）原料处理。原料需经调味、腌渍，再挂上脆浆，脆浆调制方法较多，主要发粉脆浆和酵面脆浆。

（3）炸制成菜。将挂糊原料逐块分散下锅，炸至结壳，通过复炸，达到外脆里嫩的特点。

3. 工艺流程

原料选择→刀工制成→调味腌渍→调制脆浆→挂糊→炸制成菜。

4. 友情提示

（1）刀工处理后原料应均匀，才能保证成品大小一致而美观。

（2）脆浆调制比例要正确，否则会影响菜肴成品质量。

（3）挂糊太厚或太薄，容易使成品质感发硬和脱糊。

（4）掌握好油温，第一次时间略长、油温稍低；第二次时间较短，油温较高。

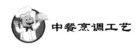 **实践案例——脆皮直虾**

　　脆皮是用脆浆糊调制而成的一类菜肴，最早始于粤菜，用脆浆裹制油炸的菜肴具有外酥内嫩，松脆爽口的特点，很受食客欢迎。

　　脆浆形成主要是以酵母或泡打粉来使面粉和淀粉发泡，利用面粉和淀粉结合而成的面筋网络，阻止在高温加热时产生的大量二氧化碳气体溢出，并利用受热后膨胀扩大的网络空间来容纳这些气体。同时，脆浆中的油脂使面粉中的蛋白质、面筋、淀粉产生间隔，使其不能形成紧密的网状结构，从而使面粉酥松。面（淀）粉在高温油炸时"焦化"产生"脆"的口感，形成一种松泡酥脆的独特风味。此菜技术要求较高，是考核厨师等级标准的代表菜之一。

1. 原料分析

　　虾也叫虾子、虾米、开洋、长须公、虎头公和曲身小子等，主要有淡水虾、海水虾和龙虾三大类。

　　淡水虾有河虾、表虾、草虾、日本沼虾等，多生长在河流、湖泊中，以湖泽所产，色青壳薄，味鲜不腥者为佳。淡水虾可跳跃性行走，以捕食小虫为生，经济价值较高。

　　海水虾有红虾、对虾、大虾、明虾，主产于渤海、黄海及长江北海域，分布于浅海泥沙中。此虾形如淡水虾，但个头较大，出众的长达 70 厘米以上，最重可达4.9 千克，味道鲜美被列为海产名品。

　　龙虾原为海水虾，生活在海底，从 20 世纪 70 年代后在内陆水域中也广为分布，只是个头较海中的要小一些外，壳泛红色，可食部分的比例较小，品质也较对虾、青虾差。

　　河虾性温、味甘，入肝、肾经；海水虾性湿、味甘咸，通络，入肾、脾经；龙虾性温、味甘咸，入脾、肝肾经。虾肉含优质蛋白质，适宜营养缺乏，生长发育缓慢，身体虚弱和神经衰弱等病人食用，也是健体强身的主要食物；虾皮含钙丰实，特别适宜补钙人群食用。虾肉无鱼腥味、无骨刺，老少皆宜。

　　虾为发物，有皮肤病、哮喘病者应慎食。服用维生素 C 片剂后吃虾易遭砷中毒。

2. 原料加工分析

　　（1）将虾去头，剥去虾壳、虾尾。

　　（2）用平刀法在虾背上划一刀，挑去虾线，加葱、姜、酒、盐、味精，腌渍入味。

（3）面粉、淀粉、发酵粉（25：5：1），盐、油、水，调制成脆糯糊。

3. 烹调分析

（1）原料配方。

主料：大明虾 300 克。

调料：色拉油 2000 克，面粉 250 克，干淀粉 50 克，发酵粉 10 克，精盐 3 克，淮盐 5 克，番茄沙司 10 克。

（2）工艺流程。

第一步：锅内放油 2000 克，烧到 180℃。

第二步：手拿虾尾均匀地裹上脆糯糊，下油锅炸结壳捞出，复炸至松脆。

第三步：盐、沙司作佐料，将虾摆放成放射形装盘即可。

（3）诀窍与难点。结合本案例，体会制作脆炸类菜肴的诀窍与难点，以下内容仅供参考。

① 脆糯糊的调制应均匀，泡打粉或酵母粉加入应适量。

② 原料挂糊应该适中，过厚成品发硬，过薄成品易脱浆。

③ 原料入五到六成热油温炸制，复炸时，油温要略高于六成热。

4. 做一做

学生分组协作完成制作脆皮直虾的计划书，然后到原料室领取原料或者到市场购买原料，到操作室完成此菜肴的制作，最后根据操作过程，完成脆皮直虾的实验报告。

5. 社会实践（制作"脆皮鱼条"）

（1）活动目的。

①培养学生的自学能力，独立操作能力。

②巩固新知识和继续学习的能力。

（2）活动建议。

① 亲自进市场采购原料。

② 查阅相关资料。

③ 在家长的督促下独立完成。

④ 广泛征求意见。

（3）成果汇报。

①记录操作全过程（有条件可拍成照片）。

②计算菜肴成本。

③总结意见和建议。

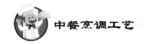

小常识

菜肴命名的原则与规律

1. 菜肴命名的原则

(1) 力求名实相符，使菜名充分体现菜肴特色或全貌。

(2) 力求雅致得体，不可牵强，滥用辞藻。

2. 菜肴命名的规律

(1) 先创造出品种再命名。

(2) 先构思菜名，再根据菜名来创造品种。

课题二 烧（油酱）

 技法工艺——油酱

1. 技法介绍

油酱是将切配后的原料，经炸、煎或焯水等处理后，放入用各种酱料调制的锅中，旺火烧沸，改用中火或小火，烧至熟透汁稠，勾芡收汁起锅成菜的烹调方法。其成品色泽红亮、味透肌里、酱香十足。

2. 工艺要求

（1）选料切配。用于油酱的原料，一般以鱼、虾、蟹为主，等级较清蒸稍低，刀工以条、块、段、整条、小整只或自然形态。主辅料形态，应相似相近，或辅料能美化突出主料。

（2）半成品加工。一般要经过炸、煎等初步熟处理后半成品应控制在断生的程度，但要根据原料的品种、质地、形态、新鲜度、时间、色泽、味型来选择。

（3）调味烧制。根据原料的质地、形态和菜肴的质感，决定烧制时间，调味以突出酱香味为主，根据各地口味的习惯选择酱料调味，以复合酱料具多。

（4）收汁装盘。收汁时机，应控制在原料最佳质感，收汁的浓稠度和汁量的多少，应视菜肴的具体要求而定。装盘要求成型完整，形态丰满，整齐划一。

3. 工艺流程

选择原料→切配→半成品加工→调味烧制→收汁勾芡→大翻锅→装盘。

4. 友情提示

（1）不同质感主辅料应分别进行熟处理，避免成菜质感不一致，影响质量。

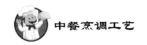

（2）烧制时间应和汤汁量一致，切忌中途加水或过多而倒去汤汁，造成口味质量下降。同时应保证质感最佳。

（3）收汁是油酱菜肴味浓稠的关键，并有提色和使菜肴有光泽效果的阶段，应认真对待。

（4）酱料就以中火温油炒香后，用汤汁解散，豆瓣酱亦应中火温油炒香至油呈红色后，添汤汁烧沸入味，撇去豆瓣渣不要，再放入原料烧制。

（5）防止原料粘锅，应事先进行锅底滑油处理。

实践案例——青蟹年糕

青蟹年糕是一道上海流行菜，是用小的大闸蟹一切为二红烧，再添加入小年糕为配料一起烧成。这款菜诞生于上海乍浦路美食街，人称"模子菜"，以后为各大饭店引进，后又走上家庭餐桌，成为上海家喻户晓，人人喜爱的菜。

青蟹年糕实际是传统菜油酱毛蟹加年糕。因为毛蟹体格不够大，够不上清蒸的格，于是改为烧。一烧鲜味尽在卤汁中，加入的年糕，正好吸附了鲜味，年糕属点心，菜点完美地结合在一起，一个软糯，一个带壳取食不易，两者成鲜明

青蟹年糕

对比，吃蟹烦了、累了，吃一块年糕，张弛有节，也是一种调剂，一种情趣。青蟹年糕是由毛蟹年糕演变而成。

1. 原料分析

蟹又称横行将军、无肠公子、横行介士等，是一种全身有甲壳的节肢动物。民间常把蟹分为河蟹、湖蟹和海蟹三大类。河蟹又称浑水蟹，湖蟹又称清水蟹。蟹分布极广，以霜后大而肥者为佳。食蟹的最大禁忌是不新鲜，其体内丰实的组氨酸极易腐败，哪怕是刚死不久的蟹，吃后也会有中毒的危险，特别是淡水蟹。

鲜蟹的鉴别：新鲜蟹的背壳呈青褐色或紫色，纹理清晰有光泽，脐上部无胃印（即蟹门发黑），螯足内壁洁白，鳃丝清晰，呈白色或微褐色，肉质有韧性、色白、无异味，提起蟹体时，步足和蟹体紧相连接。

蟹有清热解毒，补骨添髓，养筋活血，通经络，利肢节，续绝伤，滋肝阴和充胃液之功能，含大量优质蛋白，一般人宜常食用。

有溃疡病或胃消化功能较弱的人忌食蟹；孕妇也要忌食蟹，尤其要忌蟹爪；风寒感冒未愈者和皮肤病的人要慎食蟹；血胆固醇含量高的人应禁食蟹；其次，食蟹

时忌与柿子、荆芥同食；多食蟹会积冷。

2. 原料加工分析

（1）青蟹洗净，用直刀法将其剁成八块，在切口蘸上生粉。

（2）小年糕用直刀法成条或片。

（3）豆瓣酱用排刀法剁细。

3. 烹调分析

（1）原料配方。

主料：青蟹 600 克。

配料：小年糕 100 克。

调料：豆瓣酱 15 克，酱油 5 克，糖 5 克，面粉 50 克，酒 10 克，醋 3 克，油 40 克，姜片、葱段各 10 克，胡椒粉、味精、淀粉少许。

（2）操作过程。

① 炒锅放油，烧至六成热，下青蟹炸至定型，捞出，沥油，备用。

② 原锅留底油，把葱段、姜片煸香，捞出葱段、姜片后，放豆瓣酱炒香，接着放青蟹，加料酒、酱油、糖、味精、高汤，焖烧 3~5 分钟至蟹半熟，然后放入年糕，再烧 3~5 分钟至年糕软糯，勾芡、淋醋装盘即可。

（3）诀窍与难点。结合本案例，体会制作油酱类菜肴的诀窍与难点。

① 加酱的多少应视原料的多少而定，过多口味重，过少则达不到酱烧的效果。

② 加入的汤汁不应过少，也不能过多，且一次加入为好，糖汁大火烧开，小火焖熟。

③ 油酱类菜肴，在刀口处理后，大小应适中，过大不宜入味。

4. 做一做

学生分组协作完成制作青蟹年糕的计划书，然后到操作室完成此菜肴的制作，最后根据操作过程，完成制作青蟹年糕的实验报告。

5. 社会实践（制作"毛蟹粽子"）

（1）活动目的。

① 培养学生自主学习能力。

② 巩固新知识。

（2）活动建议。

① 亲自采购原料，掌握选料技巧。

② 讨价还价，降低原料成本。

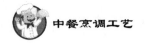

③ 请教邻居、朋友、家属，最好是厨师。

（3）成果汇报。

① 记录操作全过程（有条件可拍成照片）。

② 自评（评分标准如下表6-5所示）。

表6-5　自评表

项目	色 15%	香 15%	味 25%	形 15%	质 15%	器 15%
毛蟹粽子						

课题三　炸　熘

1. 初步掌握炸熘技法。
2. 了解鲈鱼的特性、用途。
3. 掌握花刀的刀法技巧。

技法工艺——炸熘

1. 技法介绍

炸熘是指将切配成型的原料，经调味再挂糊拍粉，入热油锅炸至外香脆，里鲜嫩，然后浇淋或粘裹芡汁成菜的烹调方法。炸熘菜肴具有外香脆、里鲜嫩的特点。

2. 烹调工艺

（1）切配调味。炸熘原料成型基本是条、片、块、丝、花形或整料，原料调味应根据菜肴的口味和色泽来决定。

（2）挂糊拍粉。根据菜肴成品要求，一般分三种处理方式：第一是挂糊，第二是拍粉。第三是先挂薄糊再拍粉。

（3）油炸。油炸的质感有外香脆，里鲜嫩，外松酥内软嫩等类型，要掌握好油温的高低，油炸次数，油炸时间及质感程度。

（4）调汁熘制。炸熘的芡汁，常采用油汁芡，只有保证油汁芡的质量，才能使菜肴有味浓、爽、滑、滋润、发亮的效果。炸熘口味主要有糖醋、荔枝、咸鲜、鱼香等复合味。

3. 工艺流程

原料选择→原料初加工→切配→调味→挂糊拍粉→定型炸制→酥脆复炸→兑汁熘制→成菜装盘。

4. 友情提示

（1）挂糊、拍粉的厚薄应适度，否则会影响口感，致使形状不美。

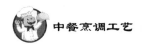

（2）调味要正确，特别注意淀粉的用量，以保证芡汁的浓稠度。

（3）用芡汁熘制，动作要迅速，出锅要及时，不能停顿，否则影响成品脆香的质感。

 ## 实践案例——松鼠鲈鱼

此菜是姑苏菜肴中的代表作，松鼠鳜鱼改变而来，属江苏名菜，在海内外久享盛誉。此菜造型别致，鲈鱼竖伏盘中，鱼首微昂，鱼尾高翘，很像昂首缓行的松鼠，鱼炸成后迅速端上来，浇上精制的卤汁，便"吱吱"有声，宛如松鼠欢叫，故名松鼠鲈鱼。现几经改良，形状上各地有所变化。

松鼠鲈鱼

1. 原料分析

鲈鱼又称四鳃鱼、鲈子鱼、花鲈、花寨和鲈板，和长江鲥鱼、黄河鲤鱼、大湖银鱼并称四大名鱼。鲈鱼可在江河近海处的咸水中生长，也可在纯淡水中生长，江南水乡均有产出，上海淞江口的鲈鱼最为有名。

鲈鱼身体上部是青灰色，近似黑鱼，下部为灰白色，两侧和背鳍有黑色斑点。鲈鱼性平味甘，具有益肝肾，补五脏，健脾胃，主安胎，治水气，强筋骨之功用，适宜于贫血头晕，腰腿酸软无力和风湿痹痛等病人食用。鲈鱼血中含有较多铜元素。鲈鱼不宜与牛、羊油、荆芥、乳酪同食。

2. 原料加工分析

（1）将鲈鱼一条洗净，齐胸鳍处斜切下头，在下巴处剖开，轻轻平拍，拍上淀粉待用。

（2）沿脊骨两侧先后平刀至尾不断，斩去脊骨，鱼皮朝下，片去腹刺，在鱼肉上均匀地直剞，后斜剞至鱼皮，成长菱形小条。

（3）用绍酒、精盐调匀，稍腌渍鱼肉，拍上干淀粉，然后手提尾抖去余粉，使鱼肉小条块散开。

（4）将其他配料切成大小均匀的丁。

3. 烹调分析

（1）原料配方。

主料：活鲈鱼一条（750 克）。

配料：虾仁 35 克，熟笋 15 克，水发香菇 15 克，青豆 10 粒。

调料：绍酒 20 克，精盐 10 克，绵白糖 150 克，香醋 75 克，番茄酱 150 克，香油 10 克，葱白段 10 克，蒜末 3 克，猪肉汤 100 克，干淀粉 75 克，湿淀粉 35 克，色拉油 2000 克（耗 200 克左右）。

（2）操作过程。

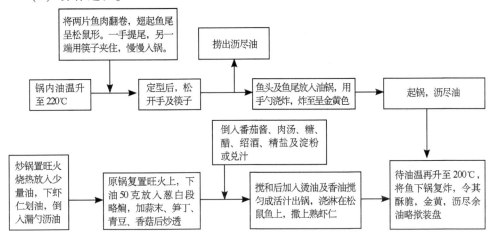

（3）诀窍与难点。结合本案例，体会制作炸熘类菜肴的诀窍与难点。

① 原料刀工处理要精细，原料拍粉应均匀，炸制前应抖掉多余的粉。

② 原料初次炸制时，用四五成油温炸制定型后，即可捞出。

③ 复炸时油温烧至五六成热后，再把原料下锅，炸至金黄色捞出。

④ 调汁，应把握好调味料的用量，烧汁时动作要协调，淋汁要均匀。

4. 做一做

学生分组协作完成制作松鼠鳜鱼的计划书，然后到原料室领取原料或到市场购买原料，完成此菜肴的制作，最后根据操作过程，完成松鼠鳜鱼的实验报告。

5. 社会实践

进市场，调查本地区各类酱品的供应情况。

（1）准备工作。

① 了解本地区供应分布情况。

② 教师组织好学生分成小组，选组长 1 名，记录员 1 名。

③ 各小组进行人员分工。

④ 提示学生注意安全，语言、行为文明。

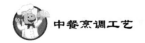

（2）活动内容，把调查情况记入下表6-6。

表6-6 调查情况表

品种	产地	价格	品牌	备注

（3）成果展示。

① 分组进行调查汇总。

② 各组派代表进行成果展示。

③ 教师把所有成果整编成册，保存。

烹调小窍门

厨房中虽然有冰箱或者冰柜，但用剩的肉制品经过冰冻再解冻后，肉质变松，没有新鲜时的口感好，有几种方法可以代替冰冻。

香肠保鲜：

夏天香肠容易霉变，可找一个小菜坛，坛内放一小杯白酒，然后将香肠整齐地码放在周围，将坛口密封，香肠整个夏天都不会坏。

猪肉保鲜：

第一种方法，将鲜肉切成条或块，在肉面上抹蜂蜜，然后用线穿好，挂在通风的地方，可保存四五个月之久，且味道鲜美。

第二种方法，先在肉上洒些白酒，装入食品袋，也能保鲜。

第三种方法，将肉包在浸过醋的干净餐巾里，过一昼夜后还很新鲜。

课题四 锅 煸

技法工艺——锅煸

1. 技法介绍

锅煸是指将加工成一定形状的原料，经拍粉，拖蛋液后放入锅内。两面煎黄，再加入调味品和适量鲜汤，用小火收浓汤汁，大翻身出锅的烹调方法，具有色泽金黄、质地酥嫩、滋味醇厚的特点。

2. 工艺要求

（1）选料切配。**煸**制菜肴要选用细嫩易熟的原料，刀工一般多用片、块、条等形状。有些菜肴需炸制后改刀装盘。

（2）调味拍粉。原料成型后一般都应进行事先调味处理。拍粉使用面粉或面粉加淀粉，要求均匀，再放入鸡蛋液中拖一下。

（3）煎制烹调。煎锅或炒锅置火上烧热，用油滑锅加入底油，将拍粉拖蛋液的原料逐一下锅，用小火将两面煎成金黄色，要求色泽均匀一样，形状整齐、美观，然后添汤加料，使其入味，大翻身出锅装盘。

3. 工艺流程

原料选择→刀工处理→调味腌渍→拍粉拖蛋液→小火煎制→添汤加料→大翻锅→出锅装盘。

4. 友情提示

（1）刀工处理后的原料应大小一致均匀，以保证成品质量美观。

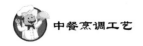

（2）拍粉、拖蛋液双手分工明确，手法熟练，干净利落，不可拖泥带水，影响质量。

（3）煎制时要经常转动锅底，保持色泽均匀、成熟一致。

（4）及时上桌食用，否则影响菜肴的风味特色。

 实践案例——锅煬带鱼

锅煬技法是独特的烹调方法之一，各地在制作方法和要求有所不同，主要有北方和南方两大制作特色。代表菜有锅煬豆腐，因制作难度较大，常作为厨师等级考核中的一道典型菜例。锅煬带鱼也是锅煬菜肴中的代表菜。

锅煬带鱼

1. 原料分析

带鱼又称刀鱼、牙鱼、牙带、裙带鱼、海刀鱼、青宗带、白带鱼和鞭鱼等，因其身体长而扁，形状似带子而得名，是沿海各地最为主要的经济类鱼种。其肉肥刺少，味道鲜美、营养丰富。品种有南带和北带，南带体阔肉肥，鲜嫩质佳；北带，体窄肉薄，品质稍次。

带鱼肉性温味甘，具有降低胆固醇的作用，对白血病、癌症有一定治疗效果；具有和中开胃，养肝补血，泽肤健美和补虚益肾等功效。

带鱼是发物，多食易引起皮肤过敏，瘙痒，另忌与牛、羊油脂煎炸。

2. 原料加工分析

（1）将带鱼剪去鱼鳃，开膛取出内脏，洗尽，但不可刮去银白色鳞粉。

（2）带鱼背部剞上十字花刀，剁成长短一致的段。

（3）用葱、姜、酒、盐、味精，腌渍入味。

3. 烹调分析

（1）原料配方。

主料：带鱼400克。

调料：鸡蛋2个，精盐3克，味精3克，绍酒15克，面粉25克，葱姜2克，色拉油100克。

（2）操作过程。

① 带鱼拍粉拖上蛋液，炒锅置火上，滑油后，加底油烧热，把带鱼煎至两面金黄色，捞出沥油。

② 炒锅置火上，滑油，加葱姜炝锅后，放入煎好的带鱼，加少许鲜汤，加盐、味精、料酒调味后，烧至汤汁浓稠后，大翻锅，淋明油，出锅装盘即可。

（3）诀窍与难点。结合本案例，体会制作锅㸆类菜肴的诀窍与难点。

① 在制作锅㸆类菜肴时，原料本身不宜过厚或者原料改刀后不宜厚。

② 煎制原料时，锅要先滑油，以防粘锅，煎制时，要注意翻动原料。

③ 大火收汁时，转锅和大翻锅的动作要利索，收锅要准确。

4. 做一做

学生分组协作完成制作锅㸆带鱼的计划书，然后到原料室领取原料或者购买原料，到操作室完成此菜肴的制作，最后根据操作过程，完成制作锅㸆带鱼的实验报告。

5. 社会实践（制作锅㸆豆腐）

（1）活动目的。

① 进一步掌握"锅㸆"技法。

② 培养学生自主学习能力，解决问题能力。

（2）活动建议。

① 查阅相关资料。

② 走进饭店、宾馆，请教专业厨师。

③ 在家亲手制作，要求家长参与。

（3）成果汇报。

① 总结菜肴成功和失败的原因。

② 记录操作全过程（有条件可拍成照片）。

③ 在班级里进行成果交流。

第七学习单元

——干制品烹调技法

食材——干制品

1. 干货制品类原料的概念

干货制品类原料是指鲜活的动植物原料、菌藻类原料经过脱水干制而成的原料，简称干货或干料。干货制品类原料中不少为名贵的山珍海味，是烹饪原料的一大组成部分，一些干货原料由于风味独特，营养成分特殊而成为烹饪技术的重要研究对象。

2. 干货制品类原料干制的原理及目的

新鲜的动植物原料都含有较多的水分，极易使微生物迅速生长繁殖，致使原料腐败变质；原料中的分解酶，在水分较大的情况下，也会加速食品的自溶腐败，造成了保管和运输的困难。为了延长原料的保存期，有利于市场供应，人们将新鲜的动、植物原料采用晾、晒、烘等脱水的方法制成干货制品，以保证原料品质不受影响。通过脱水干制后的原料，不易变质，重量减轻，大大地方便了运输和储存。对于季节性较强的原料，还可调节市场供应。有的原料经干制后，还能增加特殊风味，扩大菜肴品种。

根据微生物和分解酶的特性，对鲜活原料采取干制脱水的方法，使其原有的新鲜组织变紧，质地变硬，抑制了微生物的生长繁殖，降低了分解酶对原料的分解能力，基本保持烹饪原料原有的品质和特点。

3. 干货制品类原料常用的干制方法

（1）晒是利用阳光辐射，使原料受热后，水分蒸发，体积缩小的一种自然干制方法，也是一种最简单、最普遍的干制方法。晒适用于多种原料的干制，在脱水干制的同时，还能在阳光中紫外线的作用下杀死细菌，起到防腐的作用。

（2）晾又叫晾干、风干，是将鲜活原料置于阴凉、通风、干燥处，使其慢慢地挥发水分，体积缩小，质地变硬的一种脱水方法。它适合体积较小的新鲜原料，且要在干燥的环境下进行，否则极易感染细菌而霉烂变质。

（3）烘是人为地利用熏板、烘箱、烘房以及远红外线产生的对流热空气，使鲜活原料内部的水分快速发挥的脱水方法，因其不受时间、气候、季节的限制，故适合各种原料的干制。

4. 干货制品类原料的特点

（1）水分含量少，便于运输、储存。由于原料的性质不同，干燥的情况也不完全相同，一般来讲，动物性干货制品含水分较少，植物性干货制品含水分较多，不过，无论哪种原料的脱水标准，应该为最小极限。由于干制后的原料不易变质，大大方便了运输和储藏，沿海地区的海味可销往国外许多城市，山区的珍品可运往海滨，冬季的干货制品可储存到夏季，既调节了市场供应，又可促进商品流通。

（2）组织紧密，质地较硬，不能直接加热食用。这是干货制品类原料的显著特点。因此，在烹调之前，有一个重新吸水、恢复原有鲜嫩松软状态的涨发过程，由于原料的品种、来源、干制方法的不同，其涨发方法也不相同，所以干货制品技术是干货制品菜肴烹制的关键。

总之，干货制品类原料都具有干、硬、老、韧的特点，特别是动物性干货制品尤为突出。

5. 干货制品类原料的品质鉴别

（1）干爽，不霉烂。干爽，不霉烂是衡量干货制品原料质量的首要标准。原料经干制后，一方面质地变硬变脆，另一方面又使原来的细密组织变得多孔，加之原料中还含有很多的吸湿成分，有很强的吸湿性，一旦空气湿度过大，便会吸湿变潮，发生霉烂，变质。

（2）整齐，均匀完整。整齐，均匀完整也是衡量干货制品质量的一个重要标准。同一种干货制品原料往往因鲜活原料在采摘、收集的过程中大小不一，干制时选料要求、加工方法以及保管运输情况的不同，在其外观上会产生较大的差别。干货制品越整齐、越均匀、越完整，其质量就越好。如干贝颗粒均匀、不碎，质量就好；个体大小不一，质量就次。

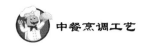

（3）无虫蛀杂质，保持规定的色泽。干货制品原料在保管中，由于条件不好而发生虫蛀、鼠咬或在加工中没有清除杂质、或清除不彻底，或混入的杂质太多，都会影响干货制品的质量。每一种干货制品都有其一定的色泽，一旦色泽改变，也说明品质发生了变化，会影响到干货制品类原料的质量。因此，干货制品类原料干燥、不变色，无虫蛀、无杂质，保持正常颜色，其质量就好。

6. 干货制品类原料的保管

干货制品不同于新鲜原料，其特点是含水量较低，一般含水量均控制在 10% ~ 15%，故能延长保管时间。如果保管不当，也会使干货制品受潮、发霉、变色，影响或丧失其食用价值。

为了确保干货制品的质量，应达到如下保管要求：

（1）储存环境应通风、透气、干燥、凉爽，还要避免阳光长时间的照晒。这是保管好干货制品的基本条件。低温通风、透气能避免干货制品受闷、生虫；低温干燥能防止干货制品受潮发霉、腐败。

（2）有一些气味较重的干货制品原料，应分开保存，否则会相互串味，影响食用。如动物性水生干货制品大都有一股海腥味，因而不能与其他陆生干货制品混合保藏。再如动物性陆生干货制品大都含有较重骚味，油脂气味，因此也不能与植物干货制品混合保藏。合理的储存方法应将各种干货制品分别进行保管，既符合卫生要求，又保证干货制品质量。

（3）对于质地较脆的干货制品，应减少翻动，轻拿轻放，不能压重物。

（4）要有良好的包装和防腐、防虫设施。干货制品原料常用的包装物，要用木桶、木箱、纸箱（盒）等，为进一步防潮，在包装箱或盒内垫防潮纸或塑料纸，既防潮又密封，其效果较好。

（5）勤于检查。一旦发现有变质的干货制品，应及时清除，防止相互传染，造成不必要的损失。在连续阴雨或库房湿度增高的情况下，应经常将干货制品放置阳光下暴晒，以保持干货制品干燥，防止变质。另外，因干货制品原有品质不一致，即使同一类干货制品其耐储性能也有差别，必须做到勤检查，防止造成不必要的损失。

课题一 蒸（清蒸）

1. 掌握双刀排剁的技巧。
2. 基本掌握清蒸的技法。

技法工艺——清蒸

1. 技法介绍

清蒸是指主料经加工成半成品后，加入调味品，添汤蒸制，或原料经加工后，加入调味品装盘，直接蒸制成菜的烹调方法。清蒸类菜肴本色、本味，质地细嫩或软熟，具有清淡爽口的特点。

2. 工艺要求

（1）选实加工。清蒸菜肴要求原料新鲜、无异味、本味较好，有些原料还需进行焯水处理，刀工上以块、段或整鱼剞花刀为主，也可剁成蓉制成球形。

（2）调味成型。清蒸菜肴的味型，一般以咸鲜味为主。因蒸制过程也是一个定型的过程，所以蒸制前，上盘定型就变得非常重要。

（3）蒸制成菜。蒸制时，要求软熟的菜肴，需旺火沸水长时间蒸。要求细嫩的菜肴，用旺火沸水速蒸，或中火沸水慢蒸。具体蒸制方法，要根据菜肴质量要求而定。

3. 工艺流程

原料选择→初步加工→熟处理→刀工→装盘调味→蒸制→成菜。

4. 友情提示

（1）清蒸类菜最好单独放在蒸笼上层，防止蒸制时菜肴汤汁色泽被污染和串味。

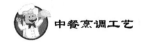

（2）清蒸菜肴成菜后，要拣去姜块和葱段、小花椒等，保持菜肴清爽整洁。

（3）清蒸类菜肴不易入味，需事先调味或事后追加味。

5. 做一做

学生分组协作完成制作晏球的计划书；然后到原料室领取原料或者到市场购买原料，到操作室完成此菜肴的制作；最后根据操作过程，完成制作晏球的实验报告。

6. 社会实践

（1）活动目的。

① 培养学生社会活动能力，与人相处的能力。

② 培养学生自主学习能力，感受职业。

（2）活动建议。联系好一家宾馆、饭店、酒家、小吃店、食堂、加工厂。每位学生利用周六、周日时间去亲身体验职业活动。

（3）成果汇报。

① 搜集有关资料。

② 与师傅们的合影留念。

③ 写一篇感想，同学间进行交流。

课题二 煎（生煎）

1. 了解香菇的性质、特点。
2. 掌握香菇的涨发过程。
3. 掌握干煎的操作，运用。

 技法工艺——生煎

1. 技法介绍

生煎是指将加工处理的泥粒饼状、块、整形的生料，拍干粉或挂糊，拖蛋液等半成品原料，用小火煎至两面呈金黄色的烹调方法。生煎菜肴具有色泽金黄、外酥里嫩的特点。

2. 工艺要求

（1）选料切配。生煎的原料，以鱼、虾、禽、畜为主，选用新鲜无异味、质地细嫩、滋味鲜香的原料，辅料应选用具有色、香、味及质感的特色原料，但主料为单一样的居多，切配以片、泥蓉、饼、整形等为主。

（2）调味挂糊。泥蓉和粒成饼的原料，都一般需经鸡蛋、湿淀粉、味精、盐等搅拌成半成品，加工成片、块、整形的原料，应先拍粉和挂糊、拖蛋液，再进行煎制。

（3）调味装盘。方法有三种：一是原料煎制后，除去油脂、淋芝麻油装盘，配调味料等上桌；二是原料煎制后装盘，浇上烹调好的复合味汁；三是原料煎好后，锅内留油少许，烹入事先兑好的调味汁，颠锅装盘。

3. 工艺流程

原料选料→刀工处理→调制或挂糊→小火煎制→调味装盘→成菜。

4. 友情提示

（1）煎制前，可用手铲将原料规整成型，不时转动煎锅或原料，使其受热均

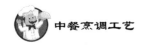

匀。煎制不宜统一翻动，适应逐一翻面煎制，才能保证煎制的质量。

（2）煎制后，采用的调味方法，都应做好准备，尽量缩短时间，以保证菜肴外酥脆，里鲜嫩的特点。

（3）煎制需要经过拍粉、挂糊、拖蛋液的，根据原料性质和菜肴要求而定，其中拍粉效果较佳。

（4）煎法又是一种常用处理方法，可与烧、蒸、焖、烹、熘等烹调方法配制成菜，具体运用时与配合的烹调方法相结合，按菜肴的要求酌情取长补短。

实践案例——生煎香菇盒

香菇盒原是徽州传统名菜，此菜，经改良创新而成。以香菇夹馅心制成，香菇形圆，如灵芝初放，中夹肉馅，香气浓郁，味美鲜香。

1. 原料分析

香菇又名构菌、金钱菌、朴菇、冬菇等，有厚菇、春菇、花菇、香片、红菇等种类。花菇最佳，红菇最浓，主要产区在安徽屯溪、江西龙泉及湖南、湖北、四川等省山区。

香菇味甘性平，无毒，入肝经，可益胃气，托痘毒。香菇具有较强的抗癌防癌作用，对心血管系统的一些疾病及至肝硬化等有治疗作用，对内分泌系统的一些疾病及感冒、便秘、失眠等有防治作用。因此，香菇在营养上得到"营养元素之宝库"的美誉。

生煎香菇盒

2. 原料加工分析

（1）香菇干品经泡发后，洗净去蒂压平。

（2）猪肉剁成泥放入碗内加各种调料、鸡蛋拌匀成肉馅。

（3）香菇撒干淀粉，放上馅心，制成香菇盒生坯。

3. 烹调分析

（1）原料配方。

主料：香菇 18 个，猪肉 100 克。

调料：鸡蛋 1 只，小葱末 10 克，精盐 2 克，酱油 10 克，味精 5 克，白糖 1 克，干淀粉 25 克，色拉油 50 克。

（2）操作过程。

第一步：炒锅上火，加底油 50 克烧热，香菇盒生坯入锅中煎至一面金黄。

第二步：加入酱油、鸡精、精盐、味精兑成的汁，成熟后起锅装盘即可。

（3）诀窍与难点。结合本案例，体会制作生煎类菜肴的诀窍与难点。

① 生煎的菜肴，在初步形成时，薄厚应一致，里面有馅心的加入馅心应一样。

② 煎制前，为防止粘锅，需要热锅凉油下锅煎制。

③ 煎后调味的，应事先调好味，以缩短烹制时间。

4. 做一做

学生分组协作完成制作生煎香菇盒的计划书，然后到原料室或者市场购买原料，到操作室完成此菜肴的制作，最后根据操作过程完成制作生煎香菇盒的实验报告。

5. 社会实践

（1）收集本地区饭馆生煎菜肴的应用情况。

（2）收集本地区香菇的资料（产地、质量、季节、价格等）。

（3）亲自制作"生煎肉饼"。

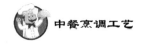

课题三 扒（白扒）

1. 掌握"白扒"技法的操作及应用。
2. 了解鱼肚的性质、特点。
3. 掌握鱼肚的涨发过程（半油发、热水发）。

技法工艺——白扒

1. 技法介绍

白扒是将初步熟处理的原料，经切配整齐地叠码成型，放入锅内，加汤汁和白色调味品，烧透入味、勾芡、大翻锅、保持原料原形装盘的烹调方法。白扒菜，具有选料精细、讲究切配、原形原样、不散不乱、略带芡汁、鲜香味醇的特点。根据色泽，扒可分为红扒、白扒。

2. 工艺要求

（1）加工切配。扒菜的原料在切配前，需进行初步熟处理。在加工切配时，要按菜肴的具体要求，将主辅料加工成一定规格和形态。

（2）排叠成型。按照菜肴的成型要求，烹调前将加工切配的原料，采用排叠，摆的手法，分别排列在盘内，碗内或锅垫上。

（3）炝锅扒制。一些菜肴扒制前，需要先用葱、姜等调料进行炝锅，然后添汤烧沸，除去葱姜，加调味品将原料和辅料整齐叠码下锅，扒制入味熟透。

（4）翻锅装盘。烧扒入味成熟时，分次酌情加水淀粉收汁，边收汁边转动菜肴，成菜时大翻锅装盘。用锅垫将扒制的菜直接取至翻扣在盘内，锅中汤汁收浓，再浇在菜肴上。用碗蒸扒的菜肴，蒸制入味成熟后，碗肉汁倒出备用，碗肉菜肴翻扣在盘内，将原汁入锅内收浓，浇在菜肴上。

3. 工艺流程

选择原料→初步加工→熟处理→切配→排叠→扒制→勾芡→翻锅装盘→成菜。

4. 友情提示

（1）扒制菜一般采用中火，火力不宜过猛，以防粘锅和煮沸时冲乱形态。

（2）成菜翻锅时，要注意保护菜肴形态的完整，并沿锅边亮油。

（3）扒菜的主辅料，要求品级相宜，配菜应选择色、香、味富有特色，能衬托主料的原料。

实践案例——芙蓉鱼肚

鱼肚为鱼鳔的干制品，是传统的珍贵海味，系"海八珍"之一。芙蓉鱼肚是用上好的鱼肚和蛋清制成的芙蓉片相配得名，衬以青菜心、火腿，色彩分明，其味浓厚鲜美，为老少皆宜的佳肴。

1. 原料分析

鱼肚是石首鱼科的鳔或胃干制而成，主要产于浙江、福建、广东等沿海，其品种有以下几种。

（1）毛鲿肚又称毛常肚，用毛鲿鱼的鳔制成，呈椭圆形，马鞍状，两端略钝，体壁厚实，色浅黄略带红色，涨发率高。

芙蓉鱼肚

（2）黄唇肚是用黄唇鱼的鳔加工而成的，椭圆形扁平，有两根长约20厘米，宽约1厘米，厚约0.8厘米。黄唇肚为鱼肚中之上品，质量好，但产量少。

（3）鱼肚以鱼的鳔干制而成，呈椭圆形，片状，凸面略有波纹，凹面光滑，色淡黄，有光泽，半透明。一般长约22厘米，宽17厘米，厚约0.6厘米。

（4）黄鱼肚以大黄鱼的鱼鳔干制成，又称"大黄鱼肚"。其中体厚、片大者为"提片"，质量最好；体薄较小者为"吊片"，几片小鱼肚搭在一起成为大片晒干的为"搭片"。

（5）鳗鱼肚以海鳗的鳔干制而成，呈圆筒形，细长薄空，两端尖似牛角，淡黄色，质较淡。

（6）鲟鳇肚是以鲟鱼或鳇鱼的鳔和胃加工制成的，形大体厚，色淡黄或深黄，有皱纹。此鱼肚稀少珍贵。

（7）鮰鱼肚用鮰鱼的鳔干制而成，湖北后石首所产的称"笔架鱼肚"是鮰鱼肚中珍品，呈不规则状、壁厚实、色白，外表似"毛架山"，故而得名。

鱼肚以板片大，肚形平展整齐，厚而紧实，厚度均匀，色淡黄，洁净，有光

泽，半透明者为佳。质量较差者片，边缘不整齐，厚薄不均，色暗黄，无光泽，有斑块。鱼肚性味甘平，具有补肾益精，补肝熄风，止血的功效。

2. 原料加工分析

（1）将干鱼肚进行涨发后浸泡回软，用少许食碱洗去油腻，再用清水洗数次后挤干。

（2）用直刀法将鱼肚切成 7 厘米长，3.5 厘米宽的斜方块；青菜心洗净、修正、沥干。

（3）将熟鸡肫、鸡肝、鸡肉、春笋、火腿分别切成薄片。

3. 烹调分析

（1）原料配方。

主料：发鱼肚 100 克。

配料：熟鸡肫 50 克，熟鸡肝 50 克，熟鸡肉 50 克，熟火腿 50 克，熟春笋片 50 克，菜心 10 颗，鸡蛋清 2 只。

调料：绍酒 25 克，精盐 2.5 克，白胡椒粉 0.1 克，味精 2 克，葱段 15 克，姜片 15 克，鸡清汤 250 克，水淀粉 100 克，香油 250 克。

（2）操作步骤。

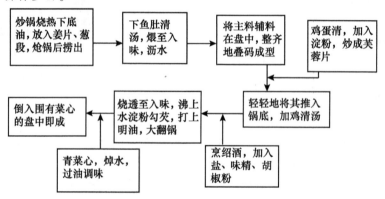

（3）诀窍与难点。结合本案例，体会制作扒类菜肴的诀窍与难点，以下内容供参考。

① 扒类菜肴讲究造型，原料初加工时，主辅料改刀应成一定规格和形态。

② 扒类菜肴收汁勾芡时，浓度要适中，浇制时动作要迅速，不可拖泥带水。

4. 做一做

学生分组协作完成制作芙蓉鱼肚的计划书，然后到原料室领取原料或者到市场购买原料，到操作室完成此菜肴的制作，最后根据操作过程，完成制作芙蓉鱼肚的实验报告。

5. 社会实践（参观）

（1）活动目的。

① 增强社会活动能力。

② 培养学生"探究能力"。

③ 了解市场信息（信息处理能力）。

（2）活动建议。

① 教师组织学生进入干货市场参观。

② 学生记录参观全过程（品种、价格、等级、产地）。

③ 购买 1~2 个品种回家制作。

（3）成果汇报。

① 学生互相交流。

② 教师总结、引导。

③成果展示。

烹调小窍门

挑选海蜇的方法

看颜色：优质海蜇皮呈白色或淡黄色，有光泽，无红斑、红衣和泥沙。

观肉质：质量好的海蜇皮薄、个大、色白，而且质地坚韧不易脆裂。

尝口味：将洗净的海蜇放入口中咀嚼，若能发出脆脆的"咯咯"声，而且有咬劲的，则为优质海蜇；若口尝海蜇感到无韧性、不脆响则为劣质品。

课题四 爆（油爆）

1. 掌握"油爆"技法的操作及运用。
2. 了解鱿鱼的性质、特点。
3. 掌握鱿鱼的涨发过程（碱发）。
4. 掌握麦穗形花刀的运用。

 技法工艺——油爆

1. 技法介绍

油爆是以高温油作为传热介质，主料一般经花刀处理，在七至八成热油中滑熟倒出，炝锅后倒回主料，再烹上调味芡汁，快速烹成菜的烹调方法。油爆类菜肴具有形态美观、脆嫩爽口、汁紧油明的特点。

2. 工艺要求

（1）刀工成型。刀工要整齐划一。刀距及剞花刀的深度要均匀，刀纹要深而不断，利于受热迅速和入味均匀。

（2）上浆勾芡。油爆菜有一部分需上浆，在上浆时，基本味要准，粉不能太厚，必须恰到好处，在原料过油时，分散花纹有美观形态，同时又达到上浆保持原料成菜后的脆嫩质感。油爆一般使用兑汁芡，要掌握好汁水与湿淀粉的比例，成菜后达到稠而不干，汁芡均匀，油亮滋润，爽滑脆嫩。

（3）烹制调汁。原料先在沸水中烫一下，至基本翻花，然后马上倒入七至八成热油锅中过油，或直接过油，随即入锅，烹入调味芡汁，颠锅挂均，装盘。

3. 工艺流程

选择原料→刀工处理成型→调味→调制芡汁→过油或用沸水烫至翻花过油→爆制烹汁→颠翻推均装盘。

4. 友情提示

（1）油爆菜要掌握好烹制与食用时间，成菜后迅速上桌，趁热食用，才有良好的质感。

（2）需先用沸水烫的原料，在烫的同时，还必须准备好另一口油锅，这样，经烫原料能迅速下锅过油，使原料更加脆嫩。

（3）对结构较紧密的原料，例如，猪肚类，可事先用碱水涨发后，直接过油，能使质感更佳。

爆鱿鱼花

 # 实践案例——爆鱿鱼花

此菜选用碱发鱿鱼为原料，经精细的花刀处理和旺火速烹，使鱿鱼卷曲成穗花状，成菜具有形美、味香、脆嫩爽口、卤汁紧包的特点，是一道刀工与火候并重的功夫菜。

1. 原料分析

鱿鱼也称柔鱼、枪乌贼，是一种生活在海洋中的软体动物。因形状略似乌贼（墨鱼）而得名枪乌贼，但比乌贼鱼体长、腹部为圆筒形，呈苍白色，身上有淡褐色的斑点，尾端呈菱形，头部有 8 只软足，两只长触手并有吸盘，主产于我国台湾沿海、东南沿海，上市主要为干制品。

鱿鱼性平味甘咸，有滋阴养胃补虚泽肤的功能。鱿鱼属发物，有慢性病，特别是皮肤过敏的人应慎食。

2. 原料加工分析

（1）干鱿鱼经碱发，清洗整理。
（2）鱿鱼肉剞上麦穗花刀，再切成长 5 厘米，宽 2.5 厘米的长方块。

3. 烹调分析

（1）原料配方。
主料：水发鱿鱼 500 克。
调料：葱末 2 克，姜末 3 克，蒜末 5 克，绍酒 15 克，精盐 5 克，味精 3 克，胡椒粉 1 克，白汤 75 克，湿淀粉 5 克，色拉油 2000 克（约耗 80 克）。

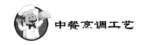

（2）工艺流程。

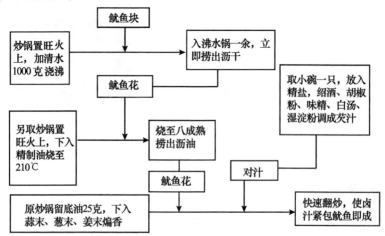

（3）诀窍与难点。结合本案例，体会制作油爆类菜肴的诀窍与难点，以下内容仅供参考。

① 油爆类菜肴，花刀处理应一致，间距大，斜度一致。

② 调味汁应事先兑好，烹制时，动作迅速，火力要旺，成菜要快。

4. 做一做

学生组协作完成制作爆鱿鱼花的计划书，然后到原料室领取原料或者到市场购买原料，到操作室完成此菜肴的制作，最后根据操作过程，完成制作爆鱿鱼花的实验报告。

5. 社会实践（采访你身边的一名厨师）

（1）活动目的。

① 了解本专业的特点。

② 掌握本专业的前途和方向。

③ 掌握本专业最新动态。

（2）活动建议。

① 寻找你亲戚、朋友、邻居中的一名厨师。

② 请他谈谈工作情况。

③ 请他介绍成长经历和学习经验。

（3）成果汇报。

① 记录采访全过程。

② 同学们进行交流。

③ 写一篇采访后感。

参 考 文 献

陈清华 . 2002. 避风塘味料种种 [J]. 四川烹饪 (11)：20.

董山东，任开隆，王海燕 . 2011. 职业方法能力 [M]. 北京：人民出版社 .

董山东，钟华，吕革新，等 . 2011. 职业社会能力 [M]. 北京：人民出版社 .

黄金玲 . 2004. 云南傣味美食 [J]. 烹调知识 (1)：35.

黄洽 . 2003. 羊年话食羊 [J]. 美食 (3)：22-23.

李乐清 . 2004. 美食如歌 [J]. 烹调知识 (3)：2.

李乐清 . 2004. 引领餐饮新时尚五大要诀 [J]. 烹调知识 (2)：2.

李乐清 . 2011. 从低碳饮食所想到的 [J]. 烹调知识 (1)：9.

刘本基 . 2002. 提高厨师素质，强化五种意识 [J]. 烹调知识 (9)：40.

龙彭年 . 2003. 保健食品马铃薯 [J]. 美食 (2)：22.

邵万宽 . 2003. 菜点创新思路 [J]. 美食 (1)：15-16.

王惠中，邓介强 . 2007. 烹饪名词辨析 [J]. 烹调知识 (10)：5-6.

王萍，刘宇 . 2004. 餐厅厨房防火 9 招 [J]. 烹调知识 (1)：54.

王壮凌 . 2002. 趣谈烤牛肉 [J]. 烹调知识 (9)：16.

巫其祥 . 2011. 中国古代的厨神 [J]. 烹调知识 (1)：10-11.